地球のために 今日から始める エコシフト15

箕輪弥生

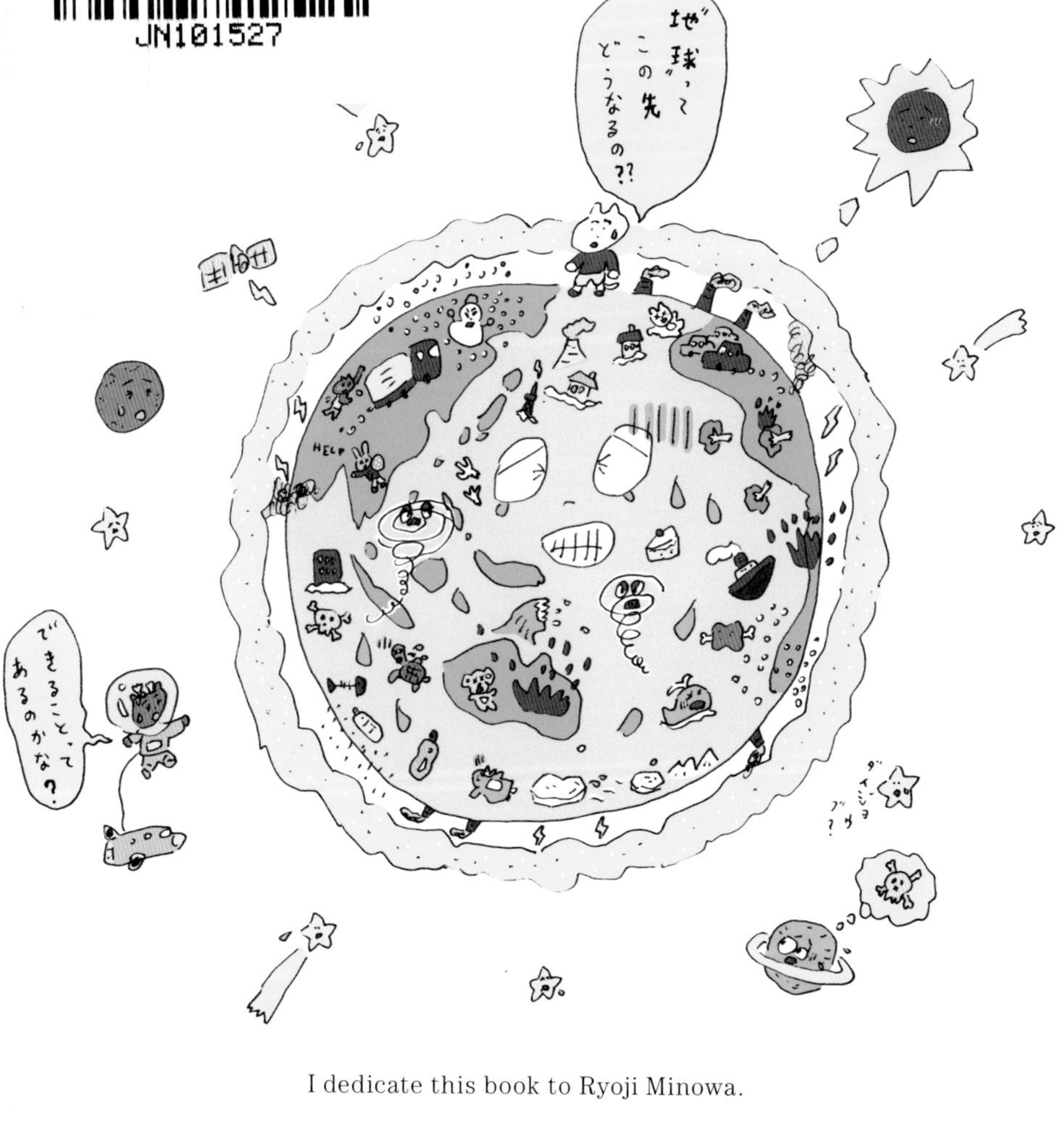

I dedicate this book to Ryoji Minowa.

文化出版局

はじめに

今、世界はパンデミック、ロシアのウクライナ侵攻、そして気候変動と、大きな転換期を迎えているのではないかと感じています。

その中でも気候変動はゆっくり進行するので、切迫感がないかもしれませんが、ある時急激に大きな変化となり、地球に暮らすあらゆる生き物に劇的な影響を与える可能性があります。さらにこれは人間の活動によって起きていることも忘れてはならない事実です。

第1章「知っておきたい、地球異変の事実」では、気候変動が起きる原因や現象、そのために世界で決めた目標をまとめています。急激な変化を起こさないようにするために、あまり時間が残されていないというのが今の状況です。

特に日本は世界でも自然災害の多い国です。日本の国土の広さは世界の1%にも満たないのに自然災害による被害額は、世界の2割以上を占めています。ですから他の国に先駆けて気候変動に対する対策を強化してもいいはずなのですが、どうも政府の対応は的確ではありません。そういったことも含めて第2章「サステナブルな未来のために知っておきたいこと」では直面しているエネルギーの問題を中心に、日本が置かれた状況やエコシフトを実践する前に知っておきたいことをお伝えしています。

続いて第3章では15のテーマを選んで、実際に私たちが日常の生活の中で〝地球のためにできること〟を具体的に紹介しています。この章は文化出版局から60年にわたって発行された女性誌「ミセス」での連載に加筆して構成しました。〝未来は私たちの選択によって変えられる〟ことをみなさんと一緒に実現したいと思います。

どの章にも本の内容を、わかりやすく、ユーモアたっぷりに表現してくださった中村隆さんのイラストが入っていますので、じっくり見てもらえるとうれしいです。雑誌「ミセス」連載の時から一緒に伴走してくださった編集者の鈴木百合子さんにも心からの感謝をお伝えしたいと思います。

次の世代にこの美しい地球を、そして四季のある自然豊かな日本を残していくために、この本が少しでも役に立てば幸いです。

２０２２年師走、まだ紅葉の残る武蔵野にて

箕輪　弥生

ぼくの住む町
こんにちわー
お母さん
主婦。ぼくと地球の未来を心配しているやりくり上手。
イカすイカです
イカすイカ
海の住人。でも時々陸に上がって休暇を取る。
川あそびは気をつけてね
カッパくん
水の守り神的存在。川や沼に時々出没。
ぼくの住んでる町を紹介しま〜す！
パンパカパーン
ガンバレ息子
お父さん
会社員。子どものころの夢は宇宙飛行士。
ぼく
小学校1年生。学校大好き、シーちゃんも大好き！

イラスト・中村 隆

ヤッホー
山の番人
山を見守る頼もしい存在。
もの知り博士
町の自然や環境が研究課題。
知ってるよー
担任の先生
ぼくのクラスの担任。いつもやさしいから人気者。
チコクしないでね
はじめまして♡
シーちゃん
ぼくの同級生でガールフレンド。しっかりもの。
カエルじぃ
町の長老。町の歴史を一番知っている。
チャンネルとうろくしてね
ユーチューバー
町のリアルを伝える使命に燃えた明るい若者。

第1章 知っておきたい、地球異変の事実　8

第2章 サステナブルな未来のために知っておきたいこと　26

第3章 暮らし発 15のエコシフト 44

フツーウに生活してきただけなのに…
そうよねぇ～

〈用語解説について〉
本文中に青いマーカーを引いた言葉は、覚えておくと役立つ環境用語です。
本文中、または下の欄で解説をしています。

「第1章
知っておきたい、
地球異変の事実」
3倍のスピード!?
ン!!!!
100年に一度の豪雨
洪水ばっかりでもうココには住めないよ…
逆に干ばつもヒドイんじゃよ
…とか言うけど最近よく聞くぞ…?
それって日常化ってことじゃ…
え?…
イカさない状況だぜ
かわいそう…
原因は
「温室効果ガス(CO2 etc)」
あつい とける~
備えろ~
巨大台風
も来るし…
昔よりヒドいかも…
あっ…
そうなの!?
G.A.S
大丈夫?
地球くん危うし…

北極南極の温暖化は
他の地域の
3倍で進んでいて……
子供がうめない……
死んじゃった……
はやすぎる……
不安をあおらないでよー
でも見てよ……
え、海も……?!
ピュ
海も……
引っこしたくないよ～
気候難民
陸上よりヤバイかも……
海水温上昇……
ボキ
ボキ
ぜんぜん日本だってヒトゴトでないんだよ
2030年までにとか、パリ協定とか…ホントにできるのかしら….?
カーボンニュートラル?
……
ワ～また山火事だ～
地球って未来あるのかな……?!
大きくなったら何になりたい?

第1章 知っておきたい、地球異変の事実

地球の歴史は気候変動の歴史でもあります。
約40億年前に大地が誕生してから、
地球は温暖化と寒冷化を繰り返してきました。
でも、人類が進化を遂げた20万年前から、
今ほど大気中に大量の二酸化炭素（CO_2）が含まれていた時代は
かつて一度もありませんでした。
たった100年の間に人類は大量のCO_2を排出し、
それにより私たちが今まで経験したことのない
地球の異変が起きています。
どんなことが起き、それは止められるものなのか、
私たちの暮らしにも関わってくる大問題ですので、
目をつぶることなく、まずは事実を知ることから始めましょう。

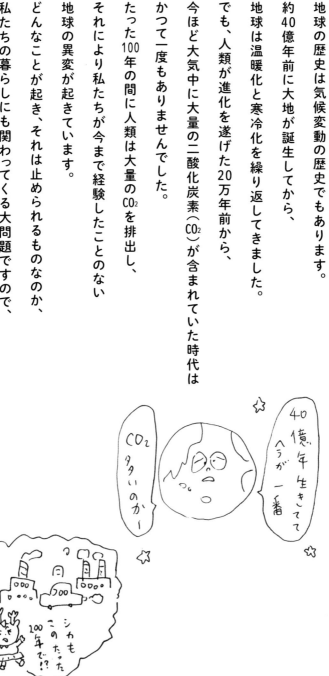

異常気象が日常化している

「100年に一度の豪雨」「観測史上最高の気温」、最近の天気情報を見るとそんな表現が頻繁に出てきます。「何か天候がおかしい、今までと違う」と感じている方も多いのではないでしょうか。

実際、世界を見渡すと、ある地域では雨が全く降らずに干ばつがひどくなり、また他の地域では豪雨となって洪水が引き起こされるといった災害が毎月のように見受けられます。まさにこれが気候変動で、地球温暖化によって引き起こされている異常気象なのです。

たとえば、2022年6月から9月にかけて、パキスタンは洪水により国土の3分の1が水没、約3300万人が被災しました。6月からいつもの5倍以上の雨が降り、山の上にある氷河が溶け、まるで津波のように流れだしたのです。パキスタンの気候変動担当大臣は「これは気候変動がもたらしたものだ」と断言しました。

干ばつは世界各地で起きていますが、特に深刻なのがソマリア、エチオピア、ケニアなど、アフリカの角と呼ばれる地域です。2020年から雨が降らず、飼っていた家畜が死に絶え、ソマリアをはじめとして深刻な飢きんに見舞われています。家を捨て避難する途中で命を落とす子どもたちも少なくありません。

日本も、夏は頻繁に大型の台風が通過したり、記録的な大雨で河川が氾濫したり、土砂崩れがあったりと、毎年のように大きな被害が出ています。ドイツの研究機関*1は、日本が世界で最も自然災害リスクが高い国としています。異常気象はもはや日常化し、日本は気候変動真っただ中の国と言えそうです。

気候変動
気温および気象パターンの長期的な変化。近年の現象は主に人間活動が原因と言われている。

地球温暖化
人間活動により大量の温室効果ガス(P.14参照)が大気中に放出され、地球の気温が上昇し続けている現象。

*1　2019年12月ジャーマンウォッチ

異常気象が日常化している（11ページ）

どうして異常気象が増えるの？（14ページ）

どうして異常気象が増えるの？

私たちの活動で排出しているCO_2などは「温室効果ガス」という名の通り、地球から熱が出ていくことを妨げ、大気に含まれる濃度が高くなると、地球は温室のように熱がこもる状態になってしまいます。これが「地球温暖化」ですが、気温や海水温が上がると大気中の水蒸気の量も増え、雨が降りやすい地域では雨量が増えたり、集中豪雨や台風の大型化が起こります。

でも気候システムは複雑で、すべての地域で雨が増えるわけではなく、熱帯や高緯度では増え、亜熱帯では減る傾向があります。水蒸気が上昇して雨粒となる時に発生する熱によって風の流れが変わり、亜熱帯では降水量が少なくなるのですが、これが干ばつを引き起こすことにもつながるのです。

一方で、温暖化の影響を強く受けている北極では、氷が溶けると、寒気と暖気の境になる偏西風が大きく蛇行するため、これも熱波や寒波の両方をもたらす原因となります。

また、温暖化が進むと雪が降らずに雨になることが多くなりますが、大気中の水蒸気の量は増えているので、寒波によって大雪になることもあります。

現在すでに産業革命後から1.1℃ほど気温が上昇していますが、2℃まで上昇すると50年に一回起こったような高温の日が約14倍[*1]にもなると予想されています。

つまり、地球温暖化は、熱波や異常な高温だけでなく、干ばつ、洪水、寒波、大雪など極端な異常気象を引き起こす原因となっているのです。

温室効果ガス
二酸化炭素（CO_2）やメタンなど、大気中の熱を吸収する性質があるガス。主に化石燃料（P.29参照）を燃やすと発生する。

＊1　IPCC第6次評価報告書

巨大台風への備えが必須に

ここ数年、日本にやって来る台風が強大化し、ルートや発生する時期もこれまでの常識が覆されるようなタイプが増えています。

そもそも、台風は、海に強い日差しが降り注ぎ、海水と海面近くの空気が暖められることから生まれます。暖められた海水は水蒸気となり空気と混ざり上昇を始め、この上昇が繰り返されて巨大な積乱雲となることで、強力な低気圧、いわゆる台風がつくられます。

つまり、台風のエネルギー源は熱帯の温かい海水面から供給される水蒸気で、温暖化による海水温の上昇によって大気中の水蒸気の量が増え、これまでより大型の台風が発生しやすくなっているのです。

最近のフィリピン沖の海水温は9月でも29℃、日本近海の海水温の上昇も著しいことから、台風がこれまでより近海で発生しやすく、猛烈な勢いを保ったまま日本に上陸することが増えています。さらに、この海水温の上昇は台風だけでなく、大雨や集中豪雨の増加にも影響を与える要因となっていると考えられています。

気象庁のデータによれば、1年間で大雨が発生する回数は、以前と比べて約1.4倍に増加しています。世界でも、米国南部やカリブ海周辺では巨大なハリケーンが猛威をふるい、インドやバングラデシュではサイクロンが、フィリピンでもスーパー台風によって甚大な被害が頻発しています。

海水温の上昇が止まらない今、今後これまでに経験したことのないような台風が接近、上陸するということは覚悟しないといけないようです。

ボーっとしてられない

巨大台風への備えが必須に

（15ページ）

気候難民は紛争による難民の3倍に

気候変動が深刻化するのに伴い、世界では故郷を追われる「気候難民」の数が増えています。気候変動が原因となった自然災害や海面上昇などによって、家を奪われたり、日々の糧を失ったりしてしまった人々です。その数は２０２０年に3千万人を超え、[*1]紛争による難民のおよそ3倍に上っています。世界情勢にもよりますが、２０５０年までに２億人が気候難民になるのでは[*2]と予測されているほどです。

サイクロンの影響で高潮や洪水が頻発するバングラデシュ南西部では過去10年で数万人の気候難民が移住しました。毎年のように起こっているオーストラリアの森林火災、欧州の洪水でも住む家を失った人が数多くいます。

地球温暖化は自然災害だけでなく、海面上昇も引き起こします。海水温が上がると、海水そのものも膨張するのに加えて、南極やグリーンランドの氷床や周囲の氷河が溶けて、水位が上がるのです。

たとえば、人気のリゾート、インド洋の島国モルディブは、島の97%で、海面が上昇した影響で、すでに海岸の浸食が始まっています。２１００年には60センチから１メートルも海面水位が上昇すると予測[*3]されているので、そうなると国土の多くが水没してしまいます。

日本も決して安心できません。海面が１メートル上昇すると、全国の砂浜の９割以上が失われ、大阪や東京でも海岸線にある地域の多くが水没する可能性がある[*4]と指摘されています。大型の台風や集中豪雨が高潮と重なると、その危険性が高まります。

森林火災
山や森林で広範囲に発生する火災。温暖化による気温の上昇や乾燥などにより、頻発している。

海面上昇
（本文参照）

*1　国内避難民監視センター
*2　2021年世界銀行レポート
*3　IPCC第6次評価報告書
*4　全国地球温暖化防止活動推進センター

気候難民は紛争による難民の3倍に（17ページ）

絶滅しつつある動物たち（20ページ）

絶滅しつつある動物たち

気候変動は、私たちだけでなく地球上にすむすべての生き物たちに影響を与えています。現在、地球上の生き物のうち3万7400種＊1が絶滅の危機に瀕していると言われています。これは気候変動だけでなく、乱獲や環境汚染、森林伐採などさまざまな理由が複合して起きていることですが、人間の活動によるものが大きいことは間違いありません。たとえば、ホッキョクグマは、北極の氷が減ることで、彼らの生息地が狭められ、十分なエサが獲れなくなっています。そのため、1頭の母グマが産む仔グマの数が減り、また氷から氷へとエサを求めて長距離を泳いで移動する母親についていけずに溺れる仔グマが増えています。

南極でも雨が降るようになり、雨に耐えられないペンギンのヒナが大量に凍死する事態が起きています。というのも、北極や南極は他の地域の3倍の速さで温暖化が進んでいるので生き物の環境にも大きな変化をもたらしているのです。

オーストラリアではコアラやカンガルーを含む数億匹に及ぶ野生動物が、2019〜20年の森林火災で犠牲になったと報告されています。極端な高温と干ばつによる森林火災の頻発によって、オーストラリアは生き物の絶滅率が最も高い国の一つになっています。

温暖化で影響を受ける生き物が増えるということは食物連鎖が崩れ、生態系そのものが大きなダメージを受ける、つまりこれは人間にも大きな影響を及ぼしていくということなのです。

食物連鎖

「食う」「食われる」のつながりを示す生物間の関係のこと。たとえば、植物は草食動物に、草食動物は肉食動物に食べられる。

＊1　IUCN（国際自然保護連合）2021年発表

海の異変は陸上より大きいかもしれない

海の中も温暖化の影響を大きく受けています。日本海の温度上昇率は地上の日本の気温上昇率を上回っています。それにより、魚類の分布も変化し、サンマが獲れなくなったり、スルメイカやサケの記録的な不漁など、食卓への影響も年々大きくなっています。

特に大きな影響を受けているのは漁礁にもなっているサンゴです。海水温が上がると、サンゴと共生している褐虫藻《かっちゅうそう》が逃げ出すことで、光合成ができなくなりサンゴは白化し、死に絶えてしまいます。サンゴ礁には多くの生物がすんでいるので、サンゴ礁をすみかにする生物だけでなく、それを食べる生物もいなくなり、生態系が変わってしまいます。沖縄県の国内最大のサンゴ礁も、92％が白化していると環境省は報告しています。

海水温の上昇は海洋生物の生態にも影響を与えます。たとえば、ウミガメは、ふ化する時の砂の温度が高いほどメスになる確率が高いので、メスばかりが増えてしまうという現象も起きています。

海水温の上昇と同時にもう一つ大きな問題があります。海の表面に近い海水は大気中のCO_2を吸収するため、大気中の濃度を追いかけるようにして酸性化しています。このことが貝やサンゴなど海洋生物の骨格や殻の成長を妨げることにつながると報告されています。

温暖化によって海水温が上がり、海が酸性化することで、すでに海の生物の約9割*1が成長や繁殖に影響を受けているのです。

光合成
植物などが太陽光によって、CO_2を取り入れて酸素を出し養分をつくること。海中ではサンゴと共生している褐虫藻が、光合成によってサンゴに有益な養分や酸素を生産する。

*1　気候変動適応センター

海の異変は陸上より大きいかもしれない（21ページ）

魚はいなイカ?

いそうろう

2030年までの結果が未来を左右する（24ページ）

2030年までの結果が未来を左右する

世の中には「地球温暖化などは起きていない」と言う人もいますが、時には数千人に及ぶ世界の科学者や環境問題の専門家が参加して5～6年ごとに気候変動の分析や予測を出しているIPCC（気候変動に関する政府間パネル）の最新の報告書では「人間の影響が気候システムを温暖化させてきたのは疑う余地がない」と断言しました。さすがに30年以上かけてエビデンスを集め、科学者が議論を交わしてきた科学的知見を無視することはできない状況です。

この結果をとらえて2015年、世界は国連の気候変動に関する会議（COP21）で「産業革命前からの気温上昇を1.5℃以内に抑える」という国際協定、いわゆる「パリ協定」を結びました。このため、日本も他の多くの国と同様、2050年までに「カーボンニュートラル」を目指すことを宣言したわけです。これは、人間活動による温室効果ガスの排出量を実質ゼロにするというものです。

2050年までにカーボンニュートラルを達成するためには2030年までの対策が実現を左右すると言われています。日本は温室効果ガス排出量を2013年比で46％削減する目標を立てていますが2020年時点でまだ2割強[*1]しか削減できていません。2030年はもうすぐそこです。

ロシアのウクライナ侵攻などで、エネルギー危機が目前に迫る今、CO_2排出の削減とエネルギー費用の高騰、電力ひっ迫をどう解決していくか、欧米諸国と同様、日本も大きな課題を与えられています。

カーボンニュートラル
温室効果ガス排出量をできるだけ減らし、削減できなかった分を吸収または除去することで実質ゼロにすること。

パリ協定
（本文参照）

IPCC
国連の気候変動に関する政府間組織。気候変化、影響、適応および緩和策に関し、科学的、技術的、社会経済学的な見地から包括的な評価を行う。

＊1　環境省・国立環境研究所2022年4月発表

まだ後戻りできる？地球温暖化

今の地球を子どもや孫、次の世代まで今の環境を大きく変えることなく手渡していく、シンプルに言うと、それがサステナビリティ（持続可能性）の本質だと思っています。パリ協定は、それに対する国際協定で、国境を超えてみんなでそれをやっていこう、そのためには基本的に温室効果ガスを出さないように暮らしましょうというお約束です。でもこの「カーボンニュートラル」はそれほど簡単なことではありません。

それどころか、今の地球の状態は崖っぷち。今起きつつあるさまざまな現象、南極やグリーンランドの氷が溶け、アマゾンの熱帯雨林が失われ、世界各地で森林火災が起き、CO_2やメタンをたっぷり含んだ永久凍土が融解する、これらのことはドミノ倒しのように負の連鎖が起きてもう後戻りできない「ティッピングポイント」の引き金になる危険性をはらんでいます。

つまり、この連鎖を起こす前になんとかしないと後戻りできなくなるというところまで来ているのです。ですから今が大事なのです。

世界中で知恵を出し合い、協力し合って地球の未来を持続可能にするために、今できることをすべてやっていく。もちろん、経済も重要ですから、環境と経済が相乗効果を持つような技術やビジネスを広げて雇用も増やしていく。温室効果ガス削減に直結するエネルギーシフトも大変重要です。

そのためには私たちがきちんと今の地球の異変を知ること、そして毎日の暮らしでもできることは工夫し、国や自治体の政策に声をあげ、目を光らせないといけないのです。

ティッピングポイント
物事がある一定の条件を超えると一気に広がる現象。この場合、地球の気候に不可逆的で急激な変化を起こす臨界点を指す。

未来あるかな…？
「第2章 サステナブルな未来のために知っておきたいこと」
実は…!!
洋上風力
地熱
世界各国
技術もないしねー
やっぱり原子力!! あと火力も…
資源ないからさー
…日本ってもったいない…
自然エネルギー大国じゃん…
端材
助かってます♥
えっ…!
本当…？
デンマーク
風力だってバリバリじゃん…?!
スウェーデン
うちより太陽光もたくさん 地熱は世界3位なのに?!
日本の技術力いつもありがとう!
WELCOME!
こっちに自然エネルギーならいっぱいあるよ〜
もったいないと言えば「節電」!
…だけじゃなく節『熱』も…
お湯の温度少し下げるとか
太陽熱も
『熱』をムダにしないでね
うまく使えてないかも…
火力発電
原発
捨ててゴメン
熱捨ててるの!?
冷房
暖房
熱…
CO₂もへらせるのに…
雪も
地熱も

クールな会社の時代が来ールぞ
サーキュラーエコノミー!!
脱炭素
会社のイメージアップ?
優秀な人材は集まらないわよ!
イカさない会社に
環境対策
NO!
しっかり利益を生む事業
またいつものの…
これからは地方が主役
未来を奪わないで!!
雇用も増えた♥
メタンガス
発電
バイオマス!
地域で循環、自然エネルギー、
ボクらにとってはもっといのちの問題だよ
グレタさん
現実見てよママ
イヤな子…
気候正義
SDGsって??
エス・ディー・ジーズ
気候変動で貧困、飢餓も
ちゃんとしなきゃか…
ヒョー
目標!
世界を良くするための…
ずっと続けていける…
自然の回復でもっと対策!!
ネイチャーポジティブ
海も実はすごくCO_2をへらしてるから、マングローブとか増やそー!
あ、コレが…
CO_2増えてくぬ…
森林がどんどん減ってる…
森林を守ろ〜!!
お姉ちゃんポジティブ〜♥

第2章 サステナブルな未来のために知っておきたいこと

前の章では気候変動の影響による地球の異変を見てきましたが、
待ったなしの地球温暖化に対して、
いったい私たちは何をすればいいのでしょうか。
「どうしたら温暖化を止められるの？」と前のめりになる前に、
少しだけクールに地球温暖化に大きく影響するエネルギーや
その他の対策について考えてみたいと思います。
どうも日本の常識は世界の常識と
少し異なった視点が混在しているようなのです。
サステナブルな未来のためにも、間違った判断をしないように
ここはしっかりおさえておきましょう。

実は日本は自然エネルギー大国だった？

地球温暖化の原因になるのはCO_2などの温室効果ガス、その4割を排出しているのが発電部門です。つまり、電気をつくるために、天然ガスや石炭などの化石燃料を燃やすことが温暖化の大きな原因になっているとも言えます。これを化石燃料を使用しない方法に変えればCO_2の排出量を大きく減らすことができます。そのため、世界では太陽、風、地熱などCO_2を排出しない、しかも枯渇せず、無料の自然エネルギー（再生可能エネルギーとも言います）を使うことへの転換が加速しています。

たとえば、デンマークではすでに電力の7割超、スウェーデンで6割を自然エネルギーで発電しています。ちなみに、日本はまだ2割に届く程度*1です。

こういった結果について「日本は資源のない国だから」という方がいるかもしれません。確かに日本には石油や石炭などの化石燃料はほとんどありませんが、自然エネルギーのポテンシャルはたっぷりあります。太陽光はデンマークやスウェーデンよりずっと豊富ですし、地熱資源の保有量は世界3位です。日本は風力発電の賦存《ふそん》量も多く、それは現在国内で使っている電力をすべて置き換えられるほど。環境省も、日本の自然エネルギーのポテンシャルは電力需要の6倍以上、経済性を考慮したシナリオでも約2倍と推定しています。

つまり日本にエネルギー資源は豊富にあるのです。そして技術も資金もあります。笑い話のようですが、電力の100％を自然エネルギーでまかなっているアイスランドでは、地熱発電所に日本の大手企業の発電機が並んでいるそうです。また、世界で着工数が大きく伸びている洋上風力発電でも、日本の企業が数多く参画しています。

化石燃料

石油や天然ガス、石炭といった地下に埋まっている燃料資源のこと。

再生可能エネルギー

太陽光や風力、水力、地熱といった自然界に存在し、資源が枯渇せず繰り返し利用できるエネルギーのこと。

いっぱいあるよ

もったいない怪獣

エネルギー危機はすぐそこに

資源、技術、資金があるにもかかわらず、これまで自然エネルギーの導入が国内で大きく伸びなかったのは政策的な後押しや支援が欠けていたことも大きく影響しています。国が原子力発電（以下原発）や**火力発電**にこだわっている間に世界と大きく隔離してしまったようです。

ロシアのウクライナ侵攻により、ロシアからの天然ガスの輸入量が減り、欧州も軒並みエネルギー危機に陥っています。日本のエネルギー自給率はわずか12％、*2 世界の情勢に左右されてしまう脆弱な状況です。実際に電気代、ガス代は毎月のように値上がりしています。もし、海外からのエネルギー資源の輸入がストップするような事態が起きれば、すぐに立ち行かなくなってしまいます。今すぐに自然エネルギー100％への転換は無理ですが、将来の姿を描きつつ、そこにシフトするまでにどうするかを国民にきちんと情報を伝え、透明性を持った形で答えを出していくのが民主主義です。決して一つの政権の閣議だけで簡単に決めてはならないことです。

１９７０年代に日本と同様にオイルショックを経験したデンマークは、原発をつくるかどうかを10年かけて国民が議論し、つくらないことに決めました。今はもちろん原発はどこにもなく、自然エネルギー由来の電気が多くを占めています。自分たちのエネルギーを考えることは、それほど重要なことなのです。

自給でき、コストも下がっている自然エネルギーにうまくシフトしていくことが**エネルギー安全保障**の面でも、経済的にも、そして気候変動対策にも重要になってきています。

火力発電
主に石油や石炭、天然ガスなどの化石燃料をボイラーで燃やして高温･高圧の蒸気をつくり、タービンを回転させて発電する。

エネルギー安全保障
国民の生活を維持していくために必要な量のエネルギーを、妥当な価格で安定的に確保すること。

日本に資源はありません！
…だけど地熱は世界3位、風力もすごくできます♡

*1　ISEP（環境エネルギー政策研究所）2021年データ
*2　資源エネルギー庁2022年

毎日使うエネルギーって電気だけじゃないの？

身近な温暖化対策というと、エアコンの設定温度を変える、テレビをつけっぱなしにしない、など節電に関する情報がこれまで多かったように思います。もちろん前述のように発電に関するCO_2の排出は大きな割合を占めているので重要ですが、ここで盲点なのが熱に関わるエネルギーの消費です。

一般家庭からのCO_2排出は、燃料別で見ると電気からが約半分、給湯や暖房などに使われるガスや灯油の割合も4分の1[*1]を占めています。たとえば食器洗いやシャワーなどで使うお湯は、ガスや電気、水資源を使っています。給湯の設定温度を少し下げるだけでも省エネですし、お湯の利用を少し減らせば水と熱両方の削減になります。熱もエネルギーですから、給湯や暖房などの工夫がとても大きな温暖化対策になるのです。

家庭だけでなく、国単位で見ても日本は熱の活用が少し足りないように思います。電気をつくる時は、自然エネルギー以外では何かを燃焼させてつくるので、大量に熱が出ます。その熱エネルギーを利用して発電するのですが、物理学の理論[*2]では、熱エネルギーから発電する際の発電効率は4割程度しかないことがわかっています。原発などは、発電する際に海水を使って冷却していますが、近くの海水温を2〜3℃上昇させるほどの熱を捨てています。火力発電所でももちろん大量の熱が捨てられています。

しかし、発電に使われなかった熱を捨てずに暖房や給湯などに利用すれば、エネルギー効率が高まります。

熱を余すことなく使うのが鉄則

ドイツでは発電する時に発生する熱エネルギーを無駄にしないように法整備もされています。発電する時に同時に熱を利用することを「コージェネレーション」あるいは「熱電併給」と呼びます。ドイツはこれを温暖化対策の主要施策の一つとして位置付けています。

アイスランドでは、地熱から電気をつくるだけでなく、暖房や魚の養殖、野菜や果物のハウス栽培から除雪、プールまで幅広いシーンで余すことなく地熱が活用されています。デンマークでも麦わらやごみ、または天然ガスを燃やして発電し、その排熱を使うコージェネレーションが一般的です。その熱を使い、「地域熱暖房」と言ってある地域の複数の建物すべてに、温水や蒸気などの熱を配管で供給する方法が普及しています。風力発電で余った電力を熱として蓄熱して必要な時に使うという方法も始まっています。

日本でも雪の多い地帯では、作物や食品の保管や冷房に雪を利用しています。北海道の新千歳空港は、冬の間に除雪した雪を利用して、空港ターミナルビルの冷房を稼働させています。これも熱エネルギーの利用です。一方で、温泉が豊富に湧く地域では、温泉での暖房や発電も行われています。

忘れてはいけないのが太陽熱です。我が家も長年、太陽熱でお湯をつくったり、暖房にも活用しています。このところの夏の暑さで、夏の給湯はほとんど太陽の熱でまかなえます。暑さが年々ひどくなるにつれて、この熱を有効利用しない手はないのではと思います。

ともかく、エネルギーは電気だけではないのです。熱を無駄にしない、熱を有効活用することはカーボンニュートラルの実現のためにも忘れてはならない視点です。

コージェネレーション（熱電併給）
電気と熱を同時に発生させ供給するシステムの総称。発電した時の排熱も同時に回収し利用する。

地域熱暖房（地域熱供給）
地域の住宅やビルに蒸気、温水などを集中的に供給し、暖房や給湯に使用するシステム。

*1　温室効果ガスインベントリオフィス2020
*2　熱力学第二法則

サステナブルな未来は地域が主役

はからずも東日本大震災でわかったように、東京の電気は東京でつくったものでなく、他の地域の原発や火力発電所でつくられたものが送電線で送られていました。もちろん、東京でも屋根に太陽光発電設備を設置することはできますが、東京の真ん中に火力発電所をつくるのは現実的ではありません。

気候変動を考えたら自然エネルギーにシフトしていくことが世界の潮流だとお話ししましたが、自然エネルギーが豊富なのは大都市圏ではなく地方です。風力や太陽光、地熱・温泉熱、水力、バイオマスなど、その地域にある資源をうまく使えば、エネルギーの自給も不可能ではありません。日本政府もこういった地域の強みを活かしてCO_2を出さない脱炭素の実現を目指す地域を「脱炭素先行地域」として選定し、支援しています。

これらの地域では、その地域にある自然エネルギーをうまく使って電気や熱をつくって利用していますが、中にはこれまで処理に困っていた廃棄物を使って発電や熱利用をしているケースもあります。たとえば、北海道の上士幌《かみしほろ》町は、牛など家畜のふん尿からつくったメタンガスを利用したバイオガス発電を、米の産地である秋田県大潟村では米のもみ殻を活用したバイオマス熱を暖房などに使っています。

自然エネルギーを使うということは、地域で使うエネルギー費用が外に流出せずに、地域で循環するということにつながります。地域で電力会社をつくったり、保守点検も地域の企業や組織が請け負えば雇用も生まれますし、時には疲弊した地方の経済を立て直す起爆剤にもなり得ます。何より、地域に独立・分散した電源があるということは、災害時な

バイオマス
木材や草木、資源作物、家畜の排泄物、食品廃棄物、下水汚泥など有機性の資源。

脱炭素
CO_2などの温室効果ガスの排出を実質ゼロにすること。

どでも安全で心強いことです。

たとえば、岡山県の真庭市は、以前は過疎化が進む地域でしたが、今ではバイオマスをうまく活用した地域として、多くの人が訪れ視察も絶えません。ここでは、豊富にある森林資源を活かして、製材をする際に出る端材や山の未利用材を使って発電を行い、それを地元の新電力事業者に売電し、市の公共施設などで使っています。災害時は、その電力を避難所で使えるような送電線も整備しようと計画しています。「バイオマスツアー」など地域のエネルギー施設をめぐるツアーも実施し、観光にも役立てています。地域でエネルギーを中心に資源と経済が回り、それを地域の魅力にもしているのです。

自分たちが期待する未来は自分たちでつくる

こういった地域で運営するエネルギー会社は、ドイツやオーストリアなどでは昔からあります。たとえばドイツでは「シュタットベルケ」と呼ばれ、100年以上前から組織化され今も全国に千社以上あります。それぞれの地域のエネルギーを活用して電気、ガス、熱などのエネルギーや水道の供給を行い、その利益で公共交通や図書館、プールなどの市民サービスも提供しています。

オーストリアでも同様のシステムがあります。オーストリアでは、それぞれの地域でエネルギー自立が実現できるように、政府とは独立した専門組織をつくり、専門知識を持った職員によってきめ細かい情報提供や政策支援をしています。

どちらもエネルギー自立を目指す地域の活動が活発で、国まかせにせず「自分たちが期待する未来は自分たちでつくる」という共通の認識が市民にあります。

シュタットベルケ
自治体出資の公共インフラを提供する地域事業者。自然エネルギー利用拡大を早くから進めてきた。

脱炭素を実現する企業がクール

気候変動の問題は、国や地域だけでなく、家庭や企業など市民や組織すべてに関わってくる問題です。特に企業は、言い方は悪いですが、以前は環境対策を本業のついでにアピールするといった取り組み方が多かったのですが、今は状況が全く変わってきました。

２０５０年までにカーボンニュートラルを目指すという国の目標もあり、本業と気候変動対策がしっかりと結び付き、環境対策そのものが事業として利益を生む、事業を行うにしてもCO_2を出さない仕組みをしっかりつくるといった企業が増えています。筆者は普段、こういった企業や組織の環境への取り組みを取材することが多いのですが、この仕事を始めた18年前とは比べ物にならないほど進化しています。早くからこの問題に気づいて取り組んできた企業ほど、今も事業を大きくしているように思います。

企業の環境対策といってもいろいろあります。たとえば事業活動で消費する電力を100％自然エネルギー由来にすることを目標とし、宣言した大企業「ＲＥ100」は国内で70社を超えました（２０２２年9月現在）。米国のアップル社は２０１８年にすでにこれを達成していて、取引のある企業にも自然エネルギーでの事業経営を求めています。日本の取引先企業2社もこれに応じてこの条件をクリアしました。

つまり、グローバル企業では自社だけでなく、その取引先にもそういったことが求められる、そうしないと取引ができないところまで来ているのです。

人材確保にも企業の環境対策が影響

RE100
企業が自らの事業の使用電力を100％自然エネルギーでまかなうことを目指す国際的なイニシアティブ。

環境対策では、製造時に出る廃棄物をなるべく少なくしてリサイクルしたり、廃棄物から新しい製品をつくるといった循環型の事業が注目されています。これを「サーキュラーエコノミー」と呼びますが、EU（欧州連合）では早くから経済成長戦略の一つとして位置付けています。たとえば、マヨネーズをつくる過程で出る卵の殻や卵膜などから他の製品をつくる、家電をリサイクルして新たな家電の部品をつくる、設計時からリサイクルやリユースを考えてつくられた家具など、資源を無駄にせず循環させて新たな価値を生むさまざまなサーキュラーな製品、プロジェクトがあります。

こういった企業の姿勢は人材募集にも影響を与えています。今の若い世代は就職活動で企業を選ぶ際にも企業がきちんとした環境対策をしているかどうか、脱炭素に寄与しているかどうかを重視しています。逆にそういったことを真剣にやっていない企業は、優秀な人材を得られないということになります。

企業の経営にも、気候変動対策は必須で、やらなければ市場の土俵にもあがれない時代となってきているのです。

サーキュラーエコノミー
今まで廃棄されてきたような製品や原材料を「資源」と考え、最大限利用可能な範囲で循環（サーキュラー）させる経済の仕組み。

サステナブルな未来に大事な役割を果たす森林と海

そもそも、地球温暖化を引き起こすCO_2などの温室効果ガスは、森林や海などに吸収されて、環境が保たれてきました。「実質（ネット）ゼロカーボン」という言葉の〝実質（ネット）ゼロ〟とはそういう意味で、排出した分と吸収される量が理論的にイーブンになればいいのです。

しかし、産業革命後、温室効果ガスの排出量がどんどん増えて、森林や海などの生態系がそれを受け止めきれなくなりました。約50年前からは人間による排出量が自然による吸収量を上回っています。

ある環境指標[*1]で言うと、今の人間の活動は地球1.7個分[*2]の自然資源を使っているそうです。地球の生態系が再生できる量を7割以上超えてしまい、回復できなくなっているということです。

この地球の治癒力とも言える自然の力ですが、それ自体も大きく弱まっています。世界の自然林は農地や牧畜のための土地転用や過剰な伐採、森林火災、戦争などが原因で１９９０年以降、４億２千万ヘクタールが失われています。[*3]

この森林の消失は、さまざまな動植物のすみかを奪うため、生物多様性の問題とも大きく関わります。気候変動の問題と生物多様性の問題は密接に関わっているのです。

この問題は年々重要性をもって各国にとらえられ、政策にも取り入れられています。た

生物多様性
さまざまな個性を持つ生き物どうしがつながり支え合ってバランスを保っている状態のこと。

とえばEUでは森林破壊に関わる原材料を使った商品の販売を規制する法律が計画されています。森林を伐採してつくられた牛肉や大豆、コーヒー、トウモロコシなどが販売できなくなるといった厳しいものです。

一方、海もCO_2の大きな吸収源で、排出量の3割を超える量を吸収しています。*4 実は海でも、陸と同じようにCO_2が生物により吸収されています。そのため、吸収源となる海藻やマングローブ林を増やして吸収量を増やそうという動きも広がっています。

つまり、排出される温室効果ガスを減らすだけでなく、自然を回復させて、吸収力を増やそうという動きも活発になっているのです。これを「ネイチャーポジティブ」と言い、自然を経済価値として認める「自然資本」の考え方が世界でも急速に注目を集めています。

ネイチャーポジティブ
劣化の進行する自然、生物多様性を回復基調に逆転させること。

自然資本
森林・土壌・大気・水・生物資源などを、経済学における資本と見なし、適切に評価、管理しようとする概念。

*1 エコロジカル・フットプリント: 人類が環境にかけている負荷を、土地面積に置き換えることで「見える化」した数値。「地球1個分の暮らし」は自然が回復できる資源の量で人間が暮らしていることを指す。
*2 The National Footprint and Biocapacity Accounts,2021
*3 FAO(国連食糧農業機関)2020報告
*4 気象庁

「私たちの未来を奪わないで」声をあげる若者・子どもたち

気候変動の問題についてそれぞれの国や地域、企業がさまざまな対策や試みを行っていることは、前述してきました。一般の市民でも気候変動に関心のある人たちは増えてきていますが、中でも注目されるのが、若者や子どもたちが声をあげ始めていることです。気候変動は、これから先の世代により強く影響を与えます。これまでの常識が通用しない暑さ、干ばつ、豪雨、生態系の変化など、私たちが頑張って対策をとったとしても進行していくことは間違いありません。

その問題の深刻さに気づいて行動を始めたのがスウェーデンのグレタ・トゥーンベリさんです。2018年、当時15歳の彼女が問題の深刻さを理解し、気候変動に対する行動の欠如に抗議するために、たった一人でスウェーデンの国会前に座り込みを始めたのです。

彼女のアクションは、多くの若者の共感を呼び、彼女が毎週金曜日に座り込みをしていたことから活動は「フライデーズ・フォー・フューチャー（未来のための金曜日）」（通称FFF）と名付けられました。2019年のFFFの「グローバル気候マーチ」には、世界で185カ国760万人以上が参加しました。もちろん日本でも各地で行われました。筆者も東京で行われた気候マーチを取材しましたが、若者たちの熱気であふれていました。

日本のFFFも活動を続けていて、「石炭火力発電所の新規増設への反対」や「温室効果ガス削減目標の引き上げ」など日本の環境政策についても鋭い指摘をしています。

事実とか…
科学的根拠とか…
どう見ればいいのよ？
最近どう？
ヘンだとか
コワイと思うことない？

グレタさんも２０１９年の国連サミットでのスピーチで「30年以上にわたり科学が示す事実は極めて明確でした。それなのにあなた方は、事実から目を背け続け、必要な政策や解決策が見えていません」と大人たちを戒めました。彼女によれば「今の放出のレベルのままでは、あと８年半たたないうちに許容できる二酸化炭素の放出量を超えてしまう」（２０１９年発言より）のです。

彼女の批判をする大人もいますが、その前にまず科学的な根拠をもとに現実をしっかり受け止めること、彼らが言う「気候変動はいのちの問題」ということを理解して、次世代のためにできることは何かを考えていかなければと思います。

日本に住む外国人の若者たちも一緒に参加した「グローバル気候マーチ」。

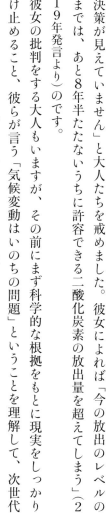

SDGsと切っても切れない気候変動問題

SDGsという言葉を聞いたことがあるでしょうか。最近よく見聞きするようになったけれど、よくわからないという方もいるかもしれません。

SDGs（エス・ディー・ジーズ）は「Sustainable Development Goals（持続可能な開発目標）」の略称です。2015年9月の国連サミットで採択されました。「貧困をなくそう」（目標1）、「飢餓をゼロに」（目標2）、「エネルギーをみんなに、そしてクリーンに」（目標7）など17のゴール（目標）と、目標ごとの169のターゲットから構成され、193の国・地域が2030年までに達成を目指す世界共通の目標です。

もともとは発展途上国向けの目標でしたが、それを広げて多くの国が参加する持続可能な目標として再設定されました。今よりもっといい、持続可能な世界をつくるためには、こんな問題を解決していかないとだめだよねという、全方位的な目標です。

どれも重要な目標ですが、それぞれの問題は複雑に関わり合い、深刻化しています。その中で、今多くの問題に関わってくるのが気候変動問題です。たとえば、「貧困」という問題には、「気候変動の影響で干ばつが起きる→水や食料をめぐって争いが起こる→立場の弱い人が水や食料を奪われる」など、気候変動がきっかけとなって「貧困」や「飢餓」、「健康」を損なう、子どもが「教育機会」を奪われるといった問題が連鎖的に起きてきています。そしてこれらの問題はすべてSDGsの解決すべき目標とされています。

つまり、気候変動や温暖化への対策は、SDGsを達成するためには不可欠で、非常に重要な課題だということがわかります。

SDGs
（本文参照）

若者たちの訴える「気候正義」はまさにＳＤＧｓ

前述したように、世界の若者たちが気候変動に声をあげるようになりましたが、彼らが掲げるスローガンに「気候正義」（Climate Justice）というのがあります。これはまさにＳＤＧｓに関係しています。

人間活動が引き起こした気候変動は、先進国に暮らす一握りの人びとが化石燃料を大量消費してきたことによるところが大きいのですが、今最も影響を受けているのはこれまで化石燃料をあまり使ってこなかった途上国の人たちです。

また格差の問題もあります。世界人口の10％に当たる裕福な人びとが、個人消費による温室効果ガスの半分を排出しています。*1 一方で、世界の5人に1人、およそ13億人*2の人びとが電気のない生活をしています。こういった不平等を変えていこうという想いが「気候正義」という言葉には含まれています。つまり、「気候正義」には貧困、飢餓、人や国の不平等、平和と公正など、そのままＳＤＧｓのゴールに関わる考え方が詰まっているのです。こういった不公平をとらえて、世界の国々も新たな基金をつくることを決めました。２０２２年秋にエジプトで開かれた「ＣＯＰ27」と呼ばれる気候変動に関する国際会議では、途上国が気候変動で受けた被害や経済損失を、富裕国が補償する歴史的な合意が締結されたのです。

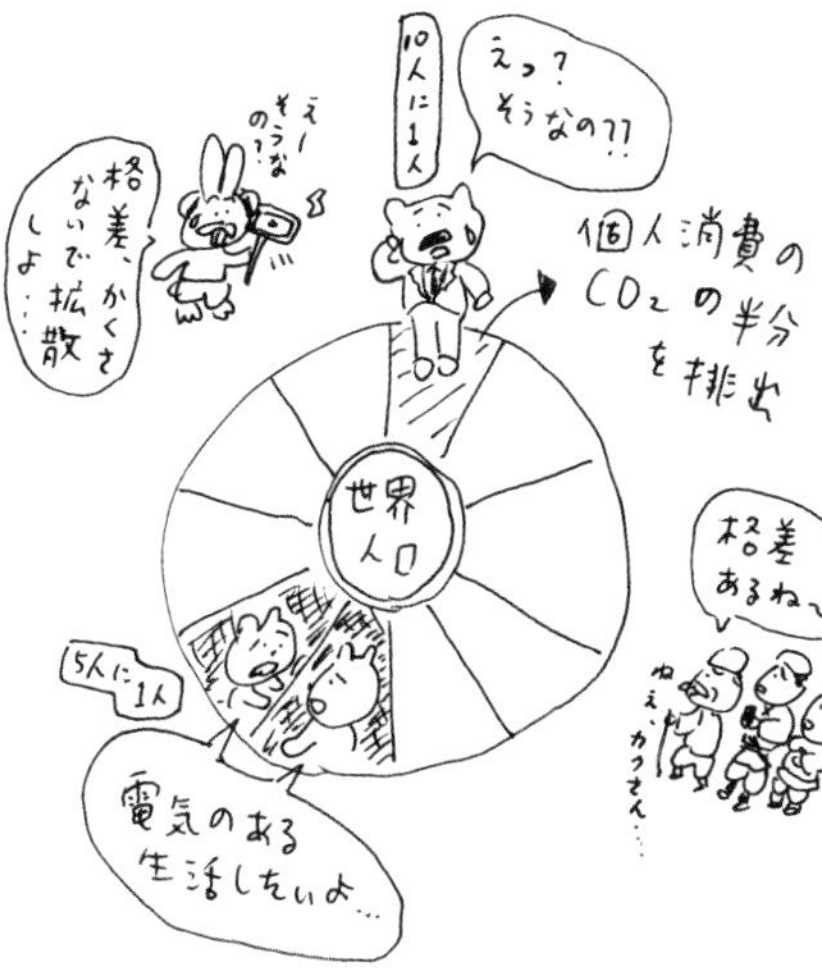

気候正義
（本文参照）

＊1　国際NGO Oxfam
＊2　FoE International, 2015

第3章 暮らし発 15のエコシフト

異変を起こす地球のために、私たちは何ができるでしょう。
少し頭を柔らかくしてみると、
いろいろなアイデアが見つかります。
電球を一つLED電球に替えるだけでもいいですし、
自然と寄り添う暮らしにはたくさんのヒントがあります。
住んでいる地域や家の形態によっても
できることは変わってきますので、
まずはできることから一歩ずつエコシフトしていきましょう。

暮らしは大事

知る一歩、やる一歩

エコシフト 1

目指そう、プラスチックフリー生活

毎日の暮らしで大量に出るプラスチックごみ。コンビニでランチを買うだけで、たくさんのプラごみが出てしまいます。実は日本は一人当たりのプラスチック容器や包装の廃棄量が世界で2番目[*1]に多い国なのです。

石油からつくられるプラスチックは、何百年も分解されず海や土壌に残ります。もちろん、つくられる時にも、たくさんのエネルギーを使います。「日本はプラスチックごみの8割をリサイクルしている」と言われていますが、実際は6割[*2]を燃やして処理しています。この際に出る熱も一部を火力発電や燃料に再利用はしていますが、世界基準では、これをリサイクルと認めていません。

1950年頃から大量生産が始まったプラスチックですが、海に流れ込んでしまったプラスチックは今もすべて現存すると考えられています。その量は2億トン[*3]を超えます。これまで私たちが出してきたプラごみはさまざまな形で環境に負荷を与えています。多くのクジラや海鳥、ウミガメなどの海洋生物がプラスチックを体内にたくさん取り込んだことが原因で命を落としています。フィリピンの海岸に打ち上げられたクジラにはなんと40キロを超えるプラごみが胃の中から見つかりました。

小さな破片となったマイクロプラスチックは、私たちが食べる魚や塩などからも非常に高率で見つかっています。日本近海には、世界平均の27倍[*4]のマイクロプラスチックが

マイクロプラスチック
直径が5ミリ以下の微細なプラスチック。太陽光の熱や紫外線、波の力などで細かく砕けて海岸、海中に分散し、海洋汚染の主要な原因となっている。

漂っていて、ホットスポットとなっています。マイクロプラスチックの人間への危険性はまだはっきりしていませんが、環境ホルモンと呼ばれる人体に有害な物質が含まれているので、安心はできません。

地球上の海にはここ半世紀に私たちが出したプラごみが大量に漂っているのが現実です。

リサイクルより、まず利用を減らすのが大事

プラスチックごみを減らそうと、世界でも使い捨てのレジ袋やカトラリー、ストローなどの使用を制限、もしくは禁止する国が増えています。フランスでは、これに加えて、野菜や果物のプラスチック包装も禁止しています。

日本でも2020年からレジ袋が有料化され、2022年4月からは使い捨てプラスチックの規制が始まりました。レジ袋に関しては、環境省によると、有料化前に比べて流通量が半減するなど大きな効果を出しています。今では買い物にエコバッグを持っていくことは習慣のようになりました。やはり、政策の効果は大きいのです。

企業もプラスチックフリーを急いでいます。たとえば、コーヒーチェーンでもストローやカップを紙製のものに替えたり、マグカップやマイボトルを推奨しています。飲料メーカーは植物由来の原料を100%使用したペットボトルを開発したり、ペットボトルから新たなペットボトルもつくられるようになってきています。家電メーカーは廃棄されたエアコンや冷蔵庫から、再生プラスチックをつくって新しい製品に利用しています。

でも基本的にプラごみの問題を解決するには、「利用そのものを減らすことが大事」というのが世界的なコンセンサスです。

暮らしの中でも、ちょっとした工夫でプラごみを減らせることがあります。たとえば、食品保存にはラップを使わずに、繰り返し使える〝蜜ろうラップ〟にしたり、蓋つきの容器やシリコンバッグを使うのはどうでしょうか。買い物には、エコバッグを持ち歩くのはもちろん、なるべく個人商店やマルシェで生鮮品を購入すれば包装も紙素材が多いように思います。量り売りをしているお店を利用すれば必要な量だけ持参した容器に入れてもらえます。こんな風に視点を変えてみるとできることがいろいろ発見できます。

まず使い捨てのプラスチックを減らす、プラスチックの代用となる素材はないか探してみる、プラスチック製品を使う時も、再生プラスチックでできたものを選ぶなど、暮らしの中で、少しずつプラスチックフリーを目指していきましょう。

量り売りを早くから導入しているオーガニックスーパー（米国）。

プラ容器や包装を使わないスーパーの野菜売り場（米国）。

＊1　UNEP（国連環境計画）
＊2　プラスチック循環利用協会2020
＊3　Jambeck et al. 2015
＊4　Isobe, Atsuhiko　〝East Asian seas: a hot spot of pelagic microplastics〟 2015

地球のためにできること

◎詰め替えできる製品を選ぶ

◎量り売りができるお店、製品を探す

◎使い捨てのストロー、カトラリー、ビニール傘を使わない

◎マイボトルを持参する

◎ラップの代わりに、蜜ろうラップや蓋つき容器を使う

◎個人商店の肉屋や魚屋で買い物する

◎買い物にはエコバッグを持参する

◎ホテルなどに泊まる時に使い捨てのものを使わない

◎プラごみを捨てる時はリサイクルしやすいようきれいに

エコシフト 2

大事なのはまず窓の断熱

「日本の家は寒い」とよく言われます。それもそのはず、家の断熱性能に関して日本は後進国でした。ドイツなど欧州では家の断熱性能の基準が40年以上前から厳しく規定され、〝建物の燃費〟が住宅価格に影響するほどです。というのも断熱性能の低い家は、どんなに高性能のエアコンを入れても熱の出入りが大きいので効率が悪く、その分エネルギーを消費します。実は、家庭での省エネの切り札は断熱だったのです。

断熱性能を高めると、家の中での温度差の変化が穏やかになり、ヒートショックを防ぎ、健康面や快適性にも大きなメリットがあります。断熱改修は暮らしの質を高めるだけでなく、光熱費も削減します。国交省の調査では、たとえば東京にある断熱性能の高い省エネ住宅は、従来の住宅に比べて年間の光熱費が6万円以上削減できると報告しています。

家の断熱に関して遅れていた日本ですが、2022年6月、断熱性能を義務化する「建築物省エネ法」改正法が成立しました。これによってやっとすべての新築住宅に省エネ基準「断熱等級4」の適合が義務付けられました。

建築家にお聞きしたところ、「断熱等級4」とは、グラスウールなどの断熱材を屋根裏に厚さ20センチ、壁に10センチ程度、サッシはアルミサッシのペアガラスを使うことで実現できるということです。

今建築されている新築住宅は、ほぼ8割がこの基準をクリアしていますが、問題は、既

ヒートショック
急激な温度差により血圧が大きく変動することで、身体に悪影響を及ぼすこと。

存の住宅です。古い住宅では、逆に8割以上*1が基準を満たしていません。

既存の住宅に断熱改修をするには、寒さ、暑さを感じる部屋に断熱材を加えることが効果的です。底冷えがする場合は、床下に断熱材を充填する、部屋が温まりにくかったり、2階が暑い場合は天井の小屋裏に断熱材を入れるなどの方法があります。中でも古新聞紙を再利用したセルロースファイバーを使った充填式断熱方法は吹き込み施工を行うため、材料を偏りなく隅々まで充填することができ、断熱に調湿性能も加わります。まずは最も滞在時間が長い部屋から考え始めるのがいいでしょう。

熱の出入りの多い窓を断熱しよう

住宅の中で一番熱の出入りが多いところはどこだと思いますか。日本建材・住宅設備産業協会によると、一般的な住宅では冬の場合、窓58％、外壁15％、床7％、屋根5％から熱が流出しています。これを見てわかるように、熱が一番出入りしているのは窓です。夏

二重サッシは外窓と内窓の間の空気層が断熱・防音効果を生む。

の場合は窓からなんと73％の熱が入ってきます。

窓の断熱性能を上げるにはいくつかの方法、「ガラスそのものを替える」「サッシそのものを替える」「サッシや窓を二重にする」「カーテンを工夫する」などの方法があります。特にこれまで普及していたアルミサッシは非常に熱を伝えやすい素材のため、外気温が下がると多くのケースで結露が発生します。

これを防ぐには窓枠を樹脂や木製のサッシにし、ガラスも断熱効果の高い複層ガラスを入れる方法がおすすめです。樹脂の熱伝導率はアルミに比べて約千分の1なので断熱への影響の差はとても大きいのです。

一方、二重サッシは既存の窓枠の内側に新たな窓枠を取り付けて窓を二重構造にする方法です。既存の窓との間に空気層ができて断熱効果を生みます。工事も数時間で終わるのでおすすめです。

筆者の自宅でも数年前から二重サッシにしていますが、冷暖房の効きがよくなったことに加え、遮音効果も感じられます。鍵が増えることで防犯効果も期待できます。窓回りを含む断熱改修には国や自治体からの補助金もあるので確認してみてください。

マンションや賃貸住宅などで窓回りの改修ができない場合は、カーテンを遮熱効果や断熱効果の高いものにする、ハニカム構造のロールカーテンにする、窓に水貼りタイプの断熱シートを貼るなどの方法もおすすめです。夏は暑さを防ぐために窓の外側にすだれやシェードなどを設置するのも効果があります。

車を購入する際に燃費を考慮するように、断熱を強化して家の燃費にもこだわってみましょう。

ハニカム構造
ミツバチの巣（ハニカム）のように正六角柱を並べた構造。内部に空気層ができるので、ブラインドやカーテンで利用すると断熱性が高まる。

＊1　国土交通省調べ、および建築家ヒアリング

地球のためにできること ワーイ!

プリーズ

◎窓に断熱シートを貼る

◎カーテンを遮熱効果や断熱効果の高いものにする

◎夏は窓の外側にすだれやシェードをつける

◎窓を二重サッシにする

◎アルミサッシを樹脂サッシと複層ガラスに替える

◎暑さ寒さがこたえる部屋に断熱材を入れる

◎断熱改修に国や自治体の補助金があるか調べてみる

工事まではね〜
¥

できることいろいろあるよ

エコシフト 3

できることから始める、循環型の暮らし

２０５０年には97億人へ増加すると予想されている世界人口。限られた資源で私たちはどのように暮らしていけばいいのでしょうか。大量生産・大量消費に突き進んだ時代は終わり、今は一度利用した資源を回収して再生したり、繰り返し再利用する循環型の暮らしが注目されています。

欧州では、資源の問題やリサイクルを環境問題として考えるのではなく、経済や社会の土台にして据えようと動き出しています。つまり、廃棄物はごみではなく資源であり、そこからビジネスをつくり出せるという考え方です。このような考え方を「サーキュラーエコノミー」(37ページ参照)と言いますが、ＥＵでは早くから経済成長戦略の一つとして位置付けています。

欧州の中でも積極的にサーキュラーエコノミーを進めているのが、オランダのアムステルダムです。そこではコーヒーかすからマッシュルームを栽培したり、スーパーの廃棄食品を調理し、提供するレストランがあったり、廃棄物を排出する企業とそれを有効活用できる企業を、ＡＩを使ってマッチさせるデジタル・プラットフォームがあったりと、さまざまなビジネスが生まれています。

新しい考え方のように思えるサーキュラーエコノミーですが、日本ではその見事な見本が江戸時代にありました。たとえば稲を収穫した後のわらは、燃料や肥料から、家の屋根

の材料やわらじにまで余すところなく使い、燃料として燃やした後の灰も再び肥料にし、それでまた米をつくりました。すべてのものが循環していたのです。

江戸時代は、物を長く使う知恵やビジネスも盛んでした。着物の仕立て直しはもちろん、4千軒あったという古着商、割れたり欠けた陶磁器を直す金継ぎ屋、提灯の貼り替えなどさまざまな修理専門業者がいました。

江戸時代の約250年間は鎖国をしていたので、海外からは何も輸入せず、すべてを国内のエネルギーや資源でまかなっていました。太陽と風、森林・植物などの、自然から得られるエネルギーや資源だけを利用し、国内だけの物質収支で成り立っていた循環型の持続可能な社会だったのです。

誰かのいらないものは、誰かの必需品

江戸時代を参考にしつつ、現代でも私たちができる循環型の暮らしとはどんなことでしょうか。

たとえば、着なくなった古着は、ごみにするのではなくメルカリやヤフオクなどのオー

コンビニ前に設置されたペットボトルを再生するための回収機。

ペットボトルや缶を入れるとお店で使えるクーポンがもらえる（スウェーデン）。

クションサイトで売る、リサイクルショップに持っていく、海外支援をしている団体に寄付するなどいろいろな方法があります。裁縫が得意であればリメイクしてみるのも一案です。いらなくなったものをその製品を必要としている人に販売したり、少し価値をつけてアップサイクルすることで循環させることができます。本やCD、家具、玩具なども同様です。

布団は、自然素材のものであれば「打ち直し」ができます。羽毛もきちんと循環させれば100年使える循環型素材。羽毛の回収をする「グリーンダウンプロジェクト」も稼働しています。

家から出るごみは「混ぜればごみ・分ければ資源」の言葉通り、ペットボトル、缶、ビン、紙など種類別にしっかり分別すれば新たな資源としてリサイクルされます。

生ごみも自治体によっては堆肥化を進めている地域もありますが、家庭でもコンポストなどを使って堆肥化することができます。最近ではバッグ型のコンポストなど取り組みやすいアイテムも販売されています。筆者もいろいろ失敗もしつつ、今はフェルトでできたバッグ型のコンポストキットに落ち着いています。家庭菜園や植栽があれば肥料として活用できて、リアルな循環を感じることができます。

水分を多く含む生ごみは焼却する際のエネルギーも大量に必要なので、なるべく堆肥化したり、バイオガスなどのエネルギー資源として活用していくことが大事です。

さらに、なるべく物を持たない、必要な時にだけ借りるというシェアリングも循環型社会のためのアイデアです。傘から自転車、車、住む場所まで、使用していない製品や場所、サービスの貸し借り、共有をするシェアリングを利用すれば資源を有効活用できます。

アップサイクル
捨てられるはずだった廃棄物や不用品に新たな価値を加えて生まれ変わらせること。

バイオガス
生ごみや家畜の糞尿などの有機性廃棄物を発酵させて得られる可燃性ガス。天然ガスの代わりに使え発電、熱利用から、バスなどの燃料としても利用できる。

シェアリング
（本文参照）

地球のためにできること!

ステキー♡

◎ごみは資源ととらえて、しっかり分別して出す

◎いらなくなった洋服、本、玩具、家具などは必要とする団体に寄付したり、オークションサイトなどで売る

◎布団は打ち直しして使う

◎リメイクをしたり、再生素材の製品を購入してみる

◎生ごみをコンポストで堆肥化して使う

◎落ち葉は集めて腐葉土にして使う

◎さまざまなシェアリングサービスを利用してみる

そうよー♪
もっとへらしていくわよ
エコバッグ

エコシフト 4

週に一度はベジタリアン

ポール・マッカートニー氏が提唱する「ミートフリーマンデー（お肉を食べない月曜日）」というキャンペーンをご存知でしょうか。週に一度だけ菜食にすることで畜産業に使われる資源や排出されるCO_2を削減し、環境への負荷を減らそうというものです。焼肉やステーキ、すき焼きなど日本の食卓でも人気のあるお馴染みの肉メニューが地球温暖化を促進すると聞いて驚かれる方もいるかもしれません。

この背景には畜産業が与える環境への負荷の大きさがあります。食肉用に動物を育てるためには、広い土地、多くの飼料、そして水が必要です。畜産業は世界の温室効果ガスの約15%*1を排出します。特に牛からの排出が大きく、畜産業の排出量の65%を占めるほどです。これは牛のゲップに含まれるメタンがCO_2の27倍の温室効果を持つことも影響しています。

このため、国連の報告書でも、食肉の消費量を減らすよう勧め、気候変動対策の一環として菜食中心の食事が推奨されています。ドイツ、デンマーク、スウェーデンなどの国では食肉税が検討されているほどです。

実際、欧米に行くと、多くのレストランにベジタリアンメニューがあることに驚きます。環境問題への関心の高まりや食生活の見直しから菜食主義のベジタリアンや、乳製品や卵などいっさいの動物性食品を食べない完全菜食主義のヴィーガン人口はこのところ急拡大

地球のためにも子どもの時から野菜のおいしさを伝えたい。

しています。

もともとベジタリアンの多いインドはもちろん、イギリスやドイツ、スイスではベジタリアン・ヴィーガンの人の割合は各国で1割*2を超え、米国もここ10年で急激に増えています。意外なのはお隣の台湾では「素食《スーシー》」と呼ばれる精進料理が普及していて、その人口割合も欧米並みです。

菜食で食べる果物、野菜、豆、全粒穀物、ナッツ類の摂取は、心臓病、糖尿病、がんの発生率を低下させるという調査結果もあり、これらは肥満も防ぐヘルシーな食生活の代名詞です。ポール・マッカートニー氏が40年以上もベジタリアンを続け、今も現役で活動していることを見てもその効果がわかります。

世界で求められる？日本食の知恵

日本はまだベジタリアンやヴィーガンの割合は少ないものの、伝統的な和食は野菜や豆、米などが中心の菜食メニューが多く、日本発祥の精進料理やマクロビオティックはまさにヴィーガン仕様です。私たちは伝統食を見直すことで1週間に一度の菜食は無理をしなくてもできそうです。

日本は薄切り肉などが普及していて、もともと肉の消費量が欧米に比べて少なく、肉じゃがなど野菜と組み合わせたメニューも豊富にありますし、豆腐や納豆など植物ベースのたんぱく質のバリエーションも豊富です。実は私たちが当たり前に食べている日本の料理法は、世界が求めているのかもしれません。

一方で、肉食文化の欧米では数年前からソイミート（大豆ミート）などの代替ミートが大

ローカルなオーガニック野菜を売るマーケット（米国）。

マクロビオティック
穀物や野菜、豆類、海藻などを中心とする日本の伝統食をベースとした食事法、食事療法。

ブームになっています。レストランやファストフード店には、植物由来の〝肉〟のメニューが次々と登場し、スーパーでも植物由来のパテやソーセージが数多く売られています。日本でもファストフード店からスーパーまで代替ミートの製品が豊富になってきました。家庭でも**大豆ミート**を乾物の一つとして常備しておくと大変便利です。

代替ミルクも人気が出てきています。コーヒーチェーンでは動物性のミルクの代わりに、ソイミルク(豆乳)やアーモンド、オート(麦)など植物性のミルクを選べるお店もあり、北欧などではスタンダードになっているほどです。

最近では、畜産の現場でも、牛のゲップに含まれるメタンの発生を抑えるエサの開発や排泄物を堆肥や燃料として利用するなど、環境へのインパクトを減らす工夫が進んできています。

食事を変えることでできる気候変動対策は日常的でありながら効果も大きいものです。野菜もオーガニックや**不耕起栽培**なら、土壌を豊かにし、CO_2などの炭素がより土壌に固定されます(85ページ参照)。

食べるものは自分の健康にも地球の環境にも大きく関わることを意識して毎日の食を選んでいきましょう。

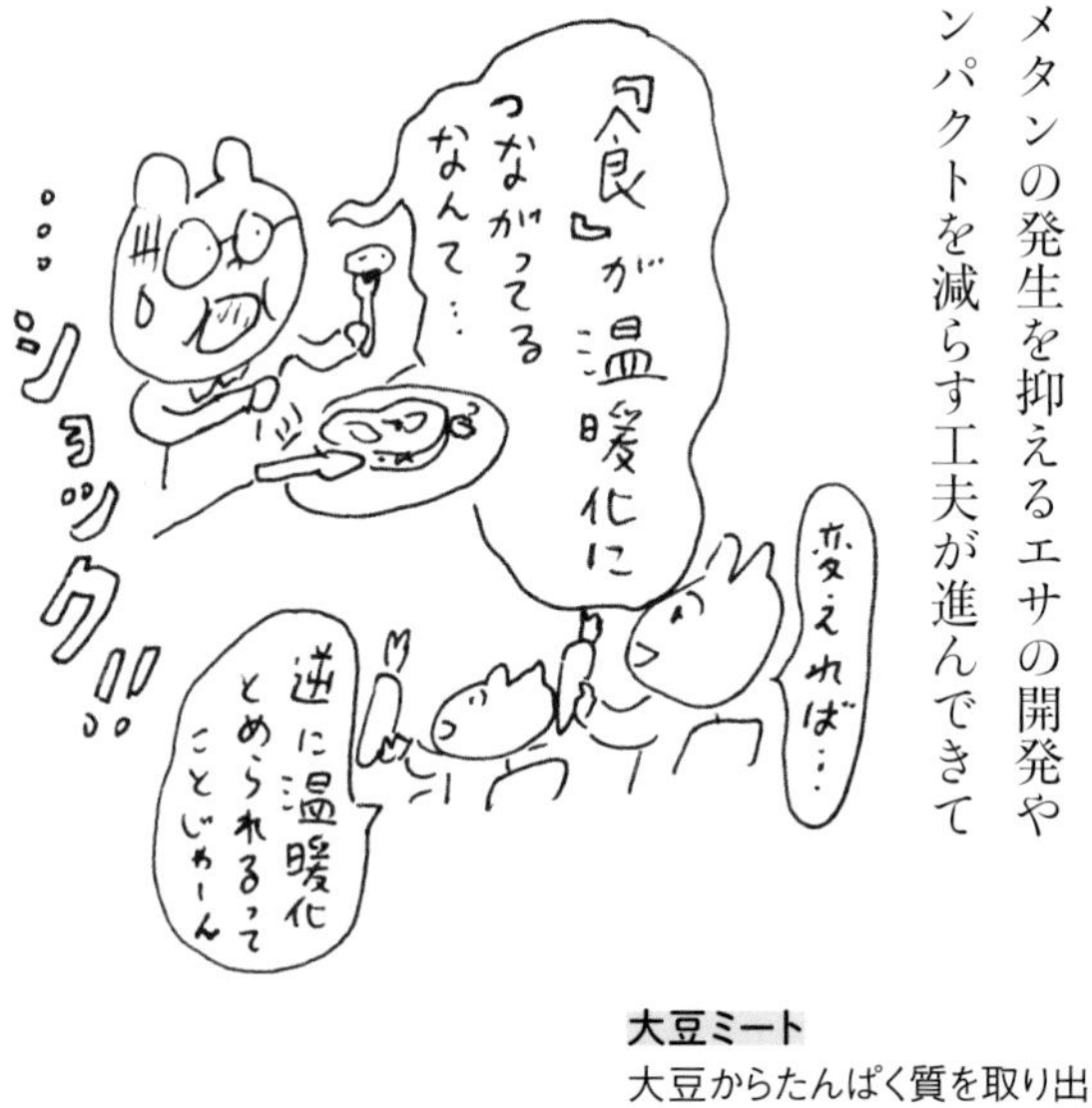

大豆ミート

大豆からたんぱく質を取り出し、繊維状にして肉のように加工した食品。ソイミートとも呼ばれる。

不耕起栽培

農地を耕さないで作物を栽培する栽培法。土壌中にCO_2を貯留する機能が高まることから注目されている。

*1　FAO(国連食糧農業機関)
*2　国土交通省観光庁

地球のためにできること ワーイ!

◎週に一度、肉を使わない食事をする
◎菜食をメインにした日本の和食を見直す
◎植物性の代替肉を試してみる
◎牛乳の代わりに植物性のミルクを試してみる
◎オーガニック野菜、フードを選ぶ
◎輸送によるCO_2排出を抑えられるローカルな製品や生鮮品を購入する

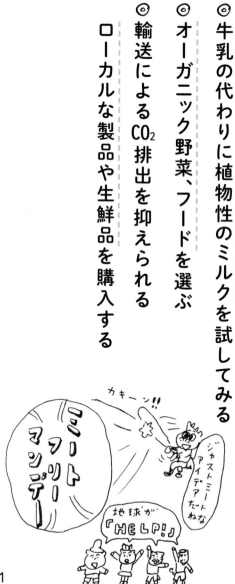

エコシフト 5

賢く減らそう食品ロス

まだ食べられるのに捨てられてしまう食品ロス。少しずつ減っているとはいえ、国内では家庭からが247万トン、レストランや食品製造業など事業系からが275万トン[*1]とそれぞれ同じくらいの量が出ています。これは世界全体が援助している食糧の量の約1.2倍[*2]に相当するほどで、ごみとして処理する費用も年間2兆円[*3]に及んでいます。食品ロスを可燃ごみとして燃やすことで、環境負荷も大きいことがわかります。

また、2019年の日本の食料自給率はカロリーベースでわずか38%。つまり6割以上を海外からの輸入に頼っているので、その輸送にかかるエネルギーも相当です。そんなことを考え合わせると、食品ロスは食品そのものだけでなく、エネルギーのロスでもあることがわかります。

ではどうしたら家庭から出る食品ロスを減らせるのでしょうか。

消費者庁の調査では、家庭から出る食品ロスの理由として、食べ残し57%、傷んでいた23%、期限切れ11%（賞味期限切れ6%、消費期限切れ5%）の順で多いことがわかりました。

食べ残しや食品の傷みによる廃棄を防ぐには、まずは適正な量を購入し、傷みが始まる前に食べきるような工夫をすることが大事です。66〜71ページでは、具体的な食べきりレシピもいろいろ紹介しているので是非参考にしてください。

食品ロスを減らすには冷蔵庫や食品保存棚の使い方も重要です。ポイントは冷蔵庫や食品庫を〝見える化〟すること。食品をカテゴリー分けして、収納します。収納する時も、かごや中身の見える容器を使うとわかりやすくなります。スーパーの陳列棚のように、賞味期限が近い食品は手前に、すぐに食べきりたいものも手前のわかりやすい場所に置きます。

食品の「賞味期限」や「消費期限」の表示についても、正しく知っておきたいことの一つです。賞味期限は、おいしく食べることができる期限です。表示されている保存方法に従って保存していれば、期限を過ぎたからといって、すぐに食べられなくなるわけではありません。一方、消費期限は、過ぎたら食べない方がいい期限です。

食品ロスを活用した社会貢献も

食品ロスをもっと有効に使おうという動きも多様になってきています。中でも注目されるのが、「フードバンク」です。これは、安全に食べられるのに包装の破損や印字ミス、過剰在庫などの理由で販売することができない食品を企業などから寄贈してもらい、必要と

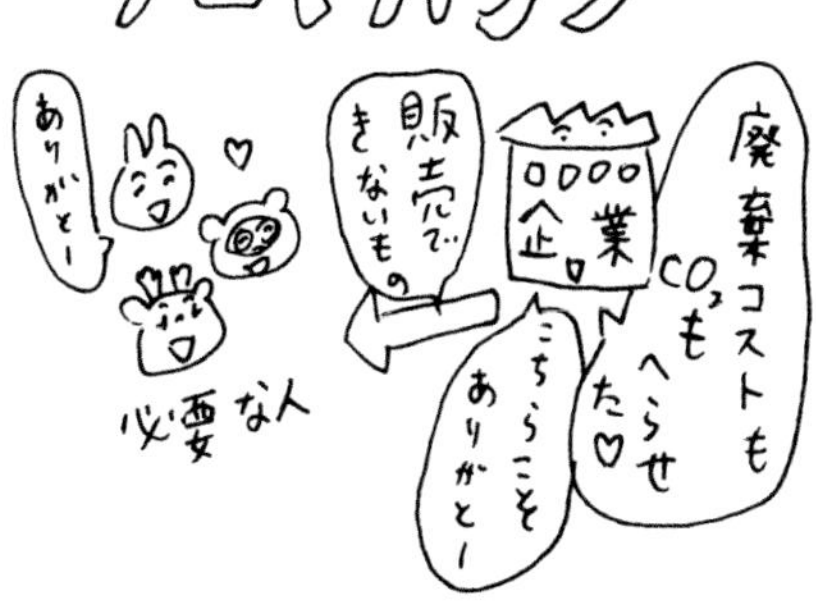

している施設や団体、困窮世帯に無償で提供する活動です。

貧困世帯で暮らしている子どもの数が7人に1人と言われる日本では、食糧支援を必要としている家庭もたくさんあります。そういった家庭に食品を配布したり、子ども食堂や児童養護施設で使ってもらうほか、最近ではコロナ禍で経済的に苦しくなった人や大学生などにフードバンクを利用してもらうケースもありました。

フードバンクは、参加する企業側も、社会課題に寄与するだけでなく、食品の廃棄コストを削減でき、食品の焼却廃棄を減らして温室効果ガスの排出を抑制することができるメリットがあります。

フランスでは2016年に、大型スーパーを対象として、賞味期限切れなどによる食品廃棄を禁止する法律ができました。食品ロスを慈善団体に寄付したり、肥料や飼料として再利用することを義務付けるもので、違反すると罰金が科せられます。

欧州では、ロスになりそうな食品のみを扱ったスーパーや廃棄予定の食品を活用したレストランなど、食品ロスをビジネスに転換する動きも高まっていますが、国内でも活発になってきました。

たとえばフードシェアをコンセプトにしたショッピングサイト「Kuradashi」は廃棄されそうな食品や雑貨を買い取り、買いやすい価格で消費者に販売し、売上の一部を環境保護や動物保護の団体などに寄付するサイトですが、売上も参加企業も大きく伸びています。

消費者だけでなく企業や流通も知恵を出し合ってもったいない食品ロスを減らす時代になってきたのです。

日本の食品ロスの量が世界の食糧援助よりも多いなんて……
…え!?
え
ドキッ
可燃ゴミ

＊1　農林水産省2022
＊2　WFP（国連世界食糧計画）による食糧支援を基準に推定
＊3　環境省「一般廃棄物の排出及び処理状況等について」

地球のためにできること

- 賞味期限と消費期限をきちんと理解する
- 食べきれる量を考えて食品を購入する
- 食品を種類分けしてそれぞれの収納場所を決めておく
- 食品のストックのルールを自分で決める
- 早く食べないといけないものは棚や冷蔵庫の前面に置く
- 食材全体を使う、使いきるなど、食材を無駄にしないレシピを工夫する
- 家庭で余ってしまった食品をフードバンクに寄付する
- 食品ロスを減らすショッピングサイトを利用する

賢く減らそう 食品ロス

捨てない！余らせない！始末料理

中途半端に残った野菜、かぶや大根の葉や皮、少しずつ余った調味料や香味野菜……。捨てるにはもったいない！
そこで料理研究家・松田美智子さんが実践している工夫を教えていただきました。

小さじ1は5mℓ、大さじ1は15mℓ、1カップは200mℓです。

少しずつ余った野菜で 薄味ピクルス

その都度余った野菜でつくってみてください。はじめは薄味でつくり、だんだん味が濃くなっていくのも楽しんで。野菜は火が通りにくいものから順番に漬け汁の鍋に入れて煮ていくのがコツです。

材料（つくりやすい分量）

A
- 塩…小さじ1½
- 白こしょう（粒）…小さじ1
- オリーブ油…大さじ3
- 白ワインビネガー…大さじ2
- ローリエ…1枚

レモン（スライス）…4〜5枚

B
- ごぼう…1本
- にんじん…1本

C
- マッシュルーム…8個
- カリフラワー…¼個
- 蓮根（小さめ）…1節

D
- かぶ…3個
- 赤ピーマン…1個

つくり方

野菜はすべて食べやすい大きさに切る。土鍋または鋳物ほうろう鍋に水5カップを入れ沸騰させ、Aを加え、塩が溶けたらレモンを加える。Bを加え再度煮立ったらCを加え、煮立ったら火を切り、Dを加える。粗熱が取れたら密封容器に煮汁ごと入れる。冷蔵庫で約1週間保存可能。

薄味ピクルスを使って

やさしい酸味で食べやすい
鶏肉とクリーム煮込み

発酵が進んで酸味が強くなってきたピクルスを調味料として使うことで、少ない材料、調味料でも満足のいく味になります。ピクルスの漬け汁の効果でかたくならずやわらかく仕上がるのもポイントです。

スープが余ったら薄切りのじゃがいもを入れて煮てグラタンにするのもおすすめ。

つくり方

1 Aを合わせ、鶏肉に手ですり込み15分おく。

2 厚手の鍋に中火で油を熱し、鶏肉の皮を下にしてへらで押さえながら香ばしく焼き、上下を返し、さっと火を通したら鶏肉をいったん取り出す。

3 2の鍋にBを順に加え中火でいため、玉ねぎがしんなりしたら、ピクルスの具を加えさらにいためる。鶏肉を戻し、漬け汁を加えて一度煮立たせ、アクをすくい、弱火にしてふたをして10〜15分煮る。サワークリームを加え、塩、こしょうで味を調える。器に盛ってパセリを散らす。

材料（4人前）

薄味ピクルスの具（粗みじん切り）…1½カップ
鶏もも肉…4枚
A［塩…大さじ1
　白こしょう…少々
B［にんにく（みじん切り）…小さじ1
　玉ねぎ（みじん切り）…½個分
オリーブ油…大さじ2
薄味ピクルスの漬け汁…2½カップ
サワークリーム…½カップ
塩、白こしょう…各少々
パセリ（刻む）…適量

かぶや大根の葉と茎、そして香味野菜のパセリ。

大根やかぶの茎で
青菜の茎のいため物

茎のしゃきしゃきとした食感が楽しいふりかけ風のいため物。火を通しすぎないようにさっといためることで歯ごたえを残します。パセリなどの香味野菜を加えることで、香りが加わり飽きない味に。葉の部分も捨てずにみそ汁の具に、漬物に活用してください。

水分がたまるので中央は開けて保存。

火を通しすぎないこと。

つくり方

大きめのフライパンに油を中火で熱し、強火にしてAを加え、約30秒さっといためて塩をする。ペーパータオルを敷いた密封容器に中央を開けて入れる。粗熱が取れたらふたをして冷蔵庫に入れ、3日で食べきる。

材料（つくりやすい分量）

A
- 大根やかぶの茎（小口切り）…合わせて約2カップ
- パセリ、イタリアンパセリなど（みじん切り）…約1/4カップ

オリーブ油またはごま油…適量
塩…少々

大根の皮で
自家製切干し大根

乾燥した冬の晴天ならば2～3日の天日干しでからからの状態に。密封袋に入れて常温保存、または袋の空気をよく抜いてから冷凍保存も可能。

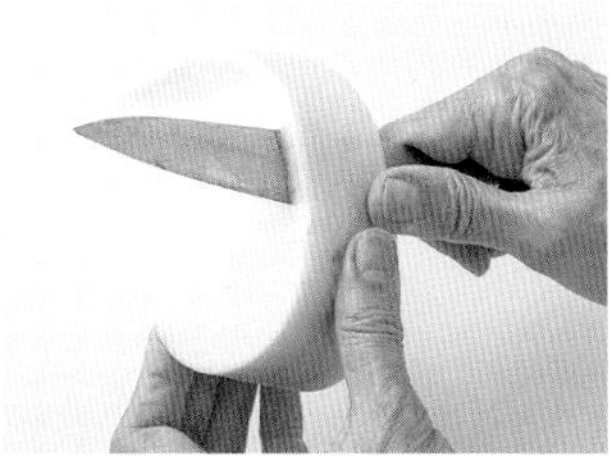

皮は厚めにむくのがポイント。

材料（つくりやすい分量）
大根…長さ20cm（太さが均一の部分）

つくり方
大根は4等分の輪切りにし、包丁で皮を厚めにむく。皮を重ならないようにざるに広げ、風通しのいい日向に2～3日置いて乾燥させる。

天日干しした大根の皮。

パリパリの食感！　切干し大根を使って
大根と豚肉のきんぴら風

切干し大根と豚バラ肉の脂のうまみがマッチ。ごま油の香り、梅干しの酸味がアクセントです。

つくり方

1 切干し大根を水に約10分つけてもどし、よく絞り、繊維にそって細切りに。

2 鍋にAを合わせ中火にかけ、鍋を傾けて油の中で梅干しの果肉が白っぽくなるまでいためる。豚肉を加えさっといため、1を加えよくいためる。Bを加えさらにいため、水½カップを加え、汁気が飛ぶまでいためたらしょうゆを加えさっといためる。梅干しの種を取り除く。器に盛りつけ粉山椒をあしらう。

材料（つくりやすい分量）
自家製切干し大根…4枚
豚バラ肉薄切り（1cm幅に切る）…100g
A ごま油…大さじ1
A 梅干し…1個（果肉は包丁でたたき、種と合わせておく）
B 酒…大さじ2
B 三温糖…大さじ½
しょうゆ…大さじ1
粉山椒…適量

キャベツと白菜の芯まわりで

簡単漬物

白菜もキャベツも芯に近い部分ほどやわらかく、甘みがあります。漬物やあえ物などのシンプルな料理に使ってみてください。簡単漬物ですが、さっぱりとした自然な甘さが後を引きます。

キャベツも白菜も丸ごと1個でいろいろな食べ方が楽しめる。

密封袋に材料を合わせて冷蔵庫に。

キャベツは昆布風味（上）、白菜はゆず風味（右）。

キャベツの簡単漬物

材料（つくりやすい分量）

キャベツ（芯に近い部分／一口大にちぎる）…½個分

A
- 塩…キャベツの重量の4%
- 糸昆布…大さじ1
- 赤とうがらし…1cm
- 米酢…大さじ1

つくり方

キャベツを密封袋に入れ、Aを加え軽くもみ込み、冷蔵庫で2〜3時間おく。

白菜の簡単漬物

材料（つくりやすい分量）

白菜（芯に近い部分／ざく切り）…½個分

A
- 塩…白菜の重量の4%
- ゆずのしぼり汁…大さじ1
- 昆布…2cm角2枚
- 赤とうがらし…1cm

つくり方

白菜を密封袋に入れ、Aを加え軽くもみ込み、冷蔵庫で2〜3時間おく。

調味料や香味野菜で
あまりものじょうゆ

しょうゆ、米酢をベースに、ゆずこしょう、かんずり、一味、粉山椒、こしょうなどの調味料や香味野菜、柑橘のしぼり汁などその都度余ったものを継ぎ足していき、冷蔵庫に保存。時間がたつほどにまとまりのある深い味わいに育っていく発酵調味料です。ねぎ類と油は加えないのがコツです。

ふたつきのびんに継ぎ足していく。

あまりものじょうゆの材料例。しゅうゆ、米酢、ししとう、にんにく、しょうがなど。

材料（つくりやすい分量）

しょうゆ…2½カップ
米酢…大さじ3
ししとう（薄切り）…10本分
にんにく（みじん切り）…大さじ1
しょうが（みじん切り）…大さじ1
赤とうがらし…2㎝

つくり方

すべての材料を合わせふたつきのびんに入れ冷蔵庫で2週間おいてからいただく。その後は余った調味料や香味野菜を随時加えていく。

豆腐にかけたり、餃子やシュウマイのたれに、いため物に、ドレッシングにと幅広く使える優れもの。

エコシフト

6 太陽光発電を身近に

太陽から降り注ぐ光のエネルギーは膨大で、たった1時間の日射量が世界で使われるエネルギー量の1年分に当たるほどです。このエネルギーを電気に変換して使うのが「太陽光発電」。屋根の上だけでなく、たくさんのパネルを地面に並べたメガソーラーから、畑の上に設置したソーラーパネルまであちこちで見られるようになりました。

世界情勢や円安などを背景に電力料金の高騰が続いているのと同時に、第1章で紹介したように、世界各地で気候変動による自然災害も多発していますので、少しでも電力を自給できたらと考える方も多いかと思います。

企業も、脱炭素への転換が命題となっているのに加えて、エネルギー価格の高騰は利益を大きく圧迫するため、電力を自給できる太陽光発電をさまざまな方法で導入しています。太陽光発電は、導入量が拡大するにつれ、設置費用は年々安くなり、ここ10年でおよそ半分以下に下がり、蓄電池の種類も増えています。

一方で、固定価格買取制度（ＦＩＴ）での余剰電力の買取価格は年々下がっています。ＦＩＴとは、家庭用の太陽光発電の場合、発電した電気を、電力会社が一定価格で10年間買い取ることを国が約束する制度です。発電して消費しきれないで余った分だけが買取対象となります。制度のスタート時の２０１２年度は１キロワットアワー当たり42円でしたが、２０２３年度は16円が予定されています。ただ、太陽光発電設備の価格は半分以下

になっていますので、ここは思案のしどころです。

太陽光発電設備があるのは、経済的なメリットだけではないのはお話しした通りです。最近ではＦＩＴを使うのではなく、自分の家で使う電力を蓄電池を利用して貯めておいて自家消費しようという傾向が強まっています。もちろん、10年の買取期間が過ぎても小売電気事業者などに売電することは可能です。

一歩進んで、電気自動車（ＥＶ）を蓄電池としても使う方法も開発されています。「Vehicle（車）からHome（家）へ」を意味する「Ｖ２Ｈ」という呼び方で、太陽光発電とＥＶに内蔵されるリチウムイオン電池を連動させて、発電が盛んな日中はＥＶに蓄電し、発電されない夜は貯めてある電力を家庭で使うというシステムです。たとえば、日産のＥＶ「リーフ」は最大で一般的な４人家族が４日間暮らせるほどの電力を貯められるとアピールしています。

一方で、太陽光発電に関しては、広大なメガソーラーや野立てソーラーが土砂崩れや自然破壊などを引き起こすという問題点も指摘されています。そういった問題を回避し、耕

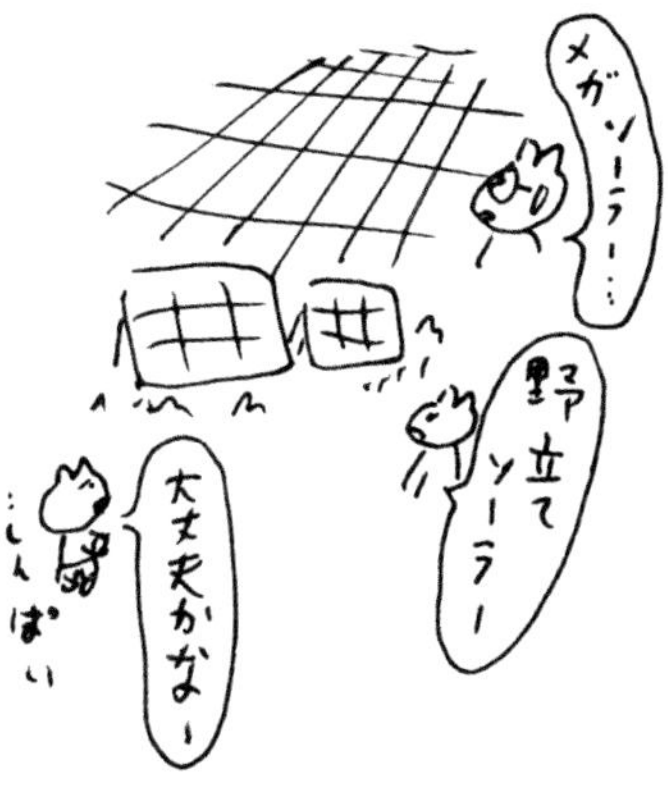

固定価格買取制度（FIT）
（本文参照）

V2H
（本文参照）

作放棄地などを活用する方法として、土地を田畑として利用しながら、その上部にソーラーパネルをつけ発電を行う「ソーラーシェアリング」が注目されています。農家にとっては、作物と電気の二毛作。若い世代の就農を後押しする手法としても期待されます。

いざという時に役に立つベランダソーラー

東京都は、2025年から新築住宅に対して太陽光発電設備を設置することをメーカー側に義務化することを発表しました。この東京都の方針は今後、他の県や国にも影響するのではと言われています。

集合住宅や賃貸住宅に住んでいる方でも、太陽の光で電力を得ることは可能です。筆者もベランダにソーラーパネルと蓄電池のセットを置いて、晴れた日は洗濯物を干すようにパネルを出しています。これがあれば、停電や災害時でも携帯電話やパソコンを充電するには十分ですし、700ワットアワーの蓄電池なので、洗濯機や扇風機なども動かせます。蓄電池に貯めた電力を朝や夕方の電力料金が高い時間帯に使えば、ピークカットと節約にもなりそうです。

自然エネルギーを体感するのに一番身近なのが太陽光です。ソーラーパネルをつけたおもちゃのミニカーやロボットなど、お子さんなどと一緒に楽しんでみるとその仕組みがよくわかります。

日本のエネルギー自給率はわずか12%。今後どんなエネルギー危機や価格の高騰が起こるかわかりません。そんな時にも頼りになるのが太陽の光だけで電気がつくれる太陽光発電です。

ソーラーシェアリング
(本文参照)

ピークカット
最も需要の多いピーク時の使用電力をさまざまな方法を用いて削減する取り組み。

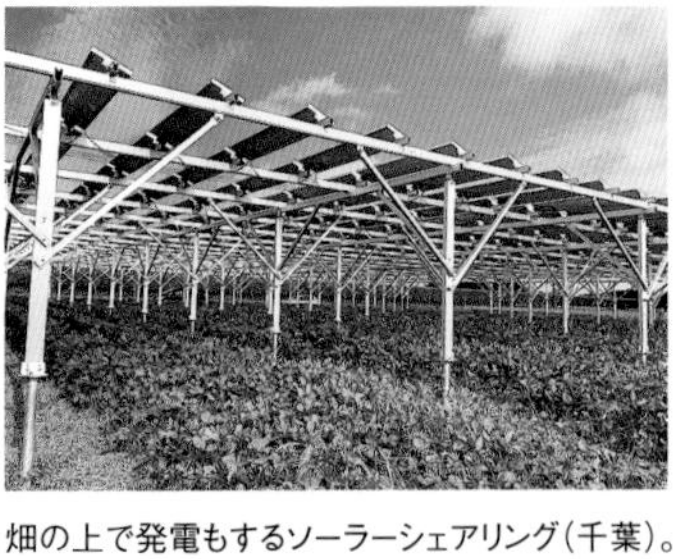
畑の上で発電もするソーラーシェアリング(千葉)。

地球のためにできること ワーイ!

◎災害時に使えるモバイルソーラーや蓄電池を備えておく

◎屋根や庭、駐車場に設置する太陽光発電設備の設置を検討してみる

◎太陽光発電と蓄電池との組み合わせを検討してみる

◎電気自動車を蓄電池にして、太陽光で発電した電気を貯めて使う

◎国や自治体の太陽光発電や蓄電池、電気自動車の補助金を調べてみる

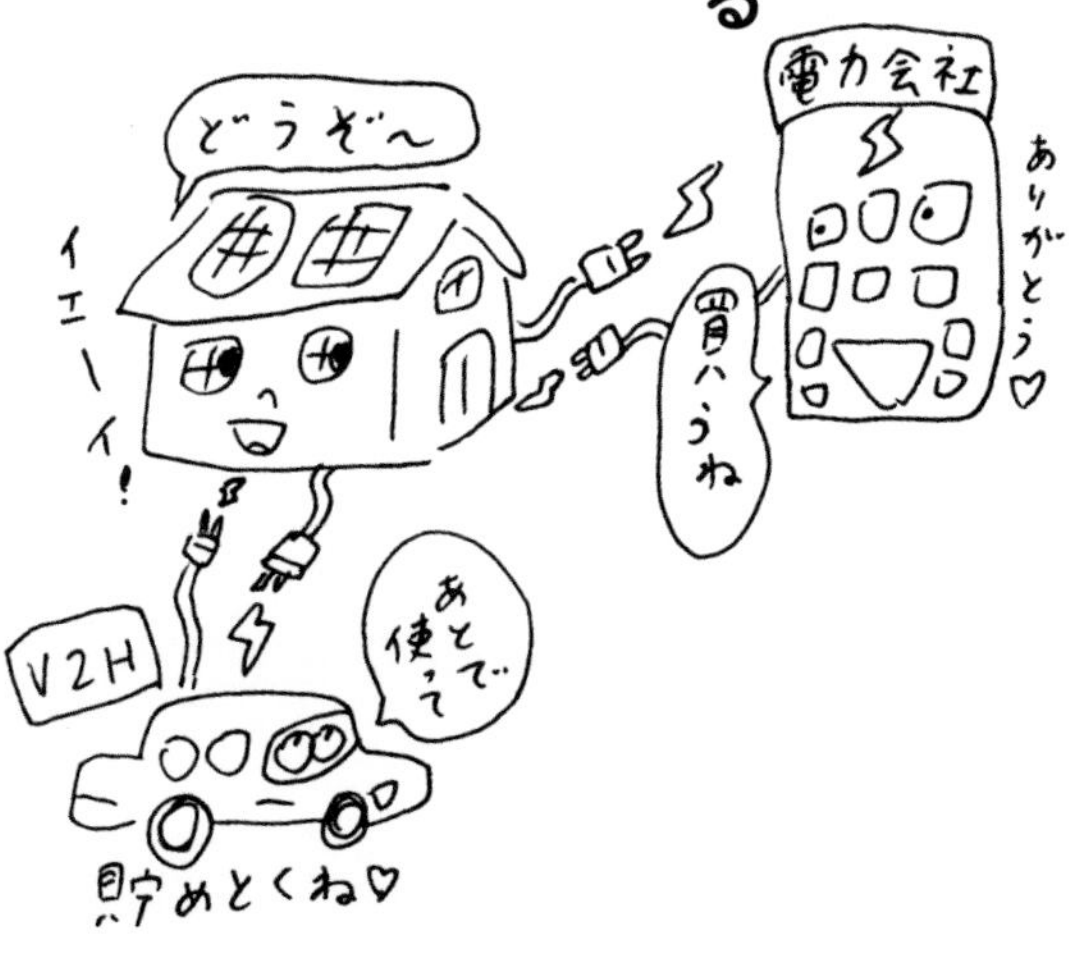

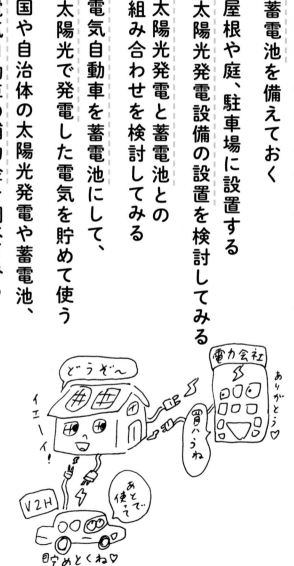

エコシフト 7

あなどれない太陽熱の利用

太陽熱利用は太陽光を電気に変換するのではなく、熱のまま給湯や暖房に利用する方法です。太陽の下に水を入れたペットボトルを置いておくと、水が温まる、そういったシンプルな考え方の利用法です。太陽光発電と混同しやすいですが、こちらは熱利用。太陽の暖かさを暮らしに取り入れ、光熱費も削減する効率のいい方法です。

実は、家庭で使うエネルギーの半分以上が暖房や給湯の熱エネルギーです。これを太陽熱で補うことは、大きなCO_2削減、光熱費の節約につながります。最近の夏は、猛暑日が連日続くほどの暑さ。この太陽熱を利用しないのはもったいないなと感じます。

太陽熱温水器は中国、インド、欧米では普及していますが、残念ながら日本では市場が縮小しています。ガス代の高騰が現実化する今、改めて注目されるべき技術だと思います。

太陽熱利用は比較的シンプルなシステムなので、太陽光発電より初期費用が安く、エネルギー変換効率も40%を超えるなど太陽光発電を大きく上回ります。熱は熱のまま利用した方が、効率がいいのは言うまでもありません。

筆者も長年自宅で「OMソーラー」という太陽熱を暖房や給湯に使うシステムを利用しています。この仕組みは、夏はガスをほとんど使わずにお湯がつくれること、換気も同時にできること、冬も晴れていればほんわかと室内を暖めてくれて、家の中の温度差が少ないことなどがメリットとしてあります。経済的にも夏季のガス代が千円台でおさまるのに

はいつも驚きます。

太陽熱利用のシステムは大きく分けて、自然循環型の「太陽熱温水器」と強制循環型の「ソーラーシステム」に分類できます。「ソーラーシステム」には、太陽集熱器で集めた熱で不凍液などの熱媒を温めて循環させる液体式と、空気を熱媒にした空気式の暖房給湯システムがあります。我が家で使っているのは空気式の「ソーラーシステム」になります。

一番シンプルな自然循環型の「太陽熱温水器」は、集熱装置と水槽タンクが一体型のもの、別になっているものなどがあります。ノーリツをはじめ、長府製作所、チリウヒーターなどの国内メーカーより20万円台からさまざまな製品が販売されています。効率はとてもよく、曇りの日でもある程度の温度のお湯をつくってくれます。

東日本大震災の際に、取材で被災地の避難所を訪れたのですが、そこには救援物資として太陽熱温水器が寄付されていました。まだ電気はもちろんガスもない寒さが残る時期でしたが、「温かいお湯が使えるのは本当にありがたい」と被災者の方々が口々に話してくれたのが印象的でした。自然循環型のものは自然対流の原理を使うので電気は必要なく、太陽熱で直接水を温めるので災害時にも心強いシステムです。

太陽熱でクッキングも

一時は太陽熱温水器への補助金もカットされていましたが、最近ではその効果が見直され、補助金を出す自治体が増えています。たとえば太陽熱利用促進に力を入れている東京都では、最大45万円までの補助金を出していました。年度によって金額も申請期間も変わりますので、各自治体のホームページをチェックしてみてください。

東日本大震災後、避難所に設置された太陽熱温水器。通常は屋根上に設置する。

太陽熱を使う楽しい方法に、ソーラークッカーがあります。太陽熱で料理をするのです。集光して鍋などの調理器具を直接加熱するものや、真空管に食材を入れて調理するものなどがあります。

以前、米国のエコビレッジの取材に行った時に、庭でソーラークッカーを出してお米を炊いているのを見て、徹底しているなあと驚きました。

燃料がいらないので、海外では干ばつで砂漠化している地域や、森林伐採で薪が不足する地域などでの利用も期待されています。

天気がよければ、炊飯、煮炊き料理から菓子づくり、ドライフードづくりまでさまざまな調理に使えるので、アウトドアグッズとしても注目されています。野外で子どもたちとソーラークッキングをするのも、おいしい環境学習になりそうです。

ソーラーも太陽熱も自分で調べないと、なかなか……
ウーン…
もっともっと普及したらいいのにね

地球のためにできること

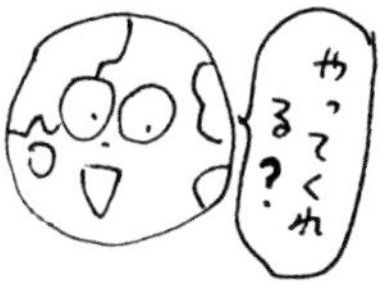

◎真夏の暑い日は早めに
浴槽に水をはって温度を上げておく

◎太陽熱温水器の設置を検討してみる

◎太陽熱温水器や熱利用のソーラーシステムの
補助金を調べてみる

◎ソーラークッカーで調理をしてみる

エコシフト 8

すぐに効果のある節水法

私たちが毎日利用している水は、地球を循環してたどり着いた水です。雨として降った水は川や海へ流れ、一部は森や地面に浸み込みます。それらの水が水蒸気から雲になり、再び雨となって地上へ降ります。

人間だけでなくすべての動植物にとって必要な命の水ですが、世界では約22億人[*1]が安全な飲み水を得られず、世界人口の4割以上に当たる36億人[*2]が水不足に悩まされているという現実があります。

世界の水事情を考えると日本は降雨量も多く、インフラも整備され、水に恵まれた国です。日本の降水量は世界平均の約2倍、[*3]どこでも蛇口をひねればきれいな水が出てきます。

でも近年は気候変動によって水循環のパターンが変わり、日本でも洪水を起こすほどの豪雨もあれば、渇水もあるという変動が起こりやすくなっています。その上、水道料金も年々上昇傾向。水の使用を減らすことは水道だけでなくガスや電気の使用削減にもつながります。つまり節水はCO_2の削減に、そして光熱費の節約にもなるというわけです。

では私たちは今実際どれくらいの水を使っているのでしょうか。東京都水道局の調査では一人が消費する生活用水の量は、1日平均214リットル[*4]で、これは世界平均の約2倍に当たります。そのうち、飲み水や調理として使うのはわずかで、入浴40%、トイレ20%、炊事18%[*5]と、ほぼ8割の水を何らかの汚れを落とすために使っています。

特に入浴と炊事で使う水は温水を使用することも多いので、お湯をつくるためのガスや電気のエネルギーも消費します。さらに川や湖から取水して浄水し、そこから家庭に届くまでには多くのエネルギーが使われています。

家庭での節水を考えた時に効果的なのは最も水を使う浴室での節水です。一般的にシャワーは3分流しっぱなしにすると約36リットルの水を使いますが、節水型のシャワーヘッドに替えると無理なく節水ができます。水流に工夫を加えたタイプや水圧が変わらないタイプなどさまざまです。できれば手元で水を出したり止めたりすることができる「止水ボタン」付きのものを選ぶと効率的に節水ができます。シャワーヘッドだけでなく、蛇口につける節水コマや節水アダプターもあります。浴槽のお湯も、洗濯や掃除に使うなどリユ

水の循環が私たちの生活を支えている。

ースを心がけたいものです。
2番目に水使用量の多いトイレは節水型の進化が目覚ましい機器の一つです。10年前くらいまでは1回に約13リットルもの水を使っていたのが、最新型はその4分の1で済むようになりました。4人家族で使うと1年間でお風呂の浴槽約236杯分の節水になるとメーカーは試算しています。

自然の恵み、雨水を使わないの？

節水も大事ですが、次に取り組みたいのが自然の恵みの雨水を使う方法です。大きなダムをつくらなくても東京都内のすべての一戸建て住宅の屋根に降った雨を貯めると、大規模ダムに匹敵する水が確保できます。雨水を流さずに貯めることは洪水を防ぐことにもつながります。それぞれの家がタンクに雨水を貯めれば、無数のミニダムができることになります。

筆者も長年、雨どいからの雨水をタンクに集め、植物の水やりに使っていますが、塩素も入っていないので植物にも優しく、災害時の断水などの際には生活用水としても使えます。実際、海外では雨水利用は一般的。雨の少ないオーストラリアやハワイでは雨水を集めて飲用を含めた生活用水に使用しています。国内でも六本木ヒルズや国技館など雨水利用をしている施設はたくさんあります。

雨水利用はハードルが高いように思いますが、一戸建てなら雨水タンクを使用することで思ったより簡単に取り入れられます。雨水タンクの設置を助成する自治体も数多くありますので、興味のある方は一度調べてみてください。

＊1　ユニセフ・世界保健機関「JMP（水と衛生に関する共同監査プログラム）」
＊2　国連人口基金「世界人口白書2021」
＊3　国土交通省「世界各国の降水量」
＊4　東京都水道局2020年度
＊5　東京都水道局2015年度

地球のためにできること

ワーイ!

ほんと〜?

◎一番水を使う入浴での節水を心がける

◎節水コマやアダプター、節水シャワーヘッドを使ってみる

◎古くなったトイレは節水型に替える

◎雨水をタンクに貯めて使ってみる

◎雨水タンク設置の補助金を調べてみる

水を大切に使うことが・・・
地球のためになるんだね
ミ、ミズだ〜♡

エコシフト 9

使って守ろう、日本の森

日本は国土の7割が森林で覆われる世界でも有数の森の国。世界最古の木造建築「法隆寺」に見られるように、日本では昔から木の文化や伝統が根付いています。でも今日本で使われている木は約6割が輸入木材です。２００２年を底に国産材の利用は戻ってきましたが、いまだ4割[*1]に留まっています。

ではなぜたくさん森はあるのに約4割しか日本の木は使われていないのでしょうか。それを知るには日本の林業の歴史を紐解いてみる必要があります。

昭和20~30年代、日本は戦後の復興のため木材需要が急増しました。そのため政府は森を人工的につくる「拡大造林政策」を進めました。成長が早く経済的に価値が高いスギやヒノキなどの針葉樹をたくさん増やしたのです。

当時は木炭や薪などの燃料や、家を建てるために木材の需要が多い時代でした。しかしその後、薪や炭は石油やガスに替わり、１９６４年に木材輸入が自由化し、安い輸入材が大量に入ってくるようになると国産材の使われ先は減り、価格が低迷して苦境に陥ったのです。そうなると、森の手入れは行われず、森は荒廃し、土砂崩れや台風による倒木も起こりやすくなりました。同じ種類の木を植え続けたために、各地の山々で獣害や花粉症といった問題を起こす原因にもなっています。

この60~70年前に植えられた国内の木は十分成長し、人工林の森林蓄積[*2]はここ50年

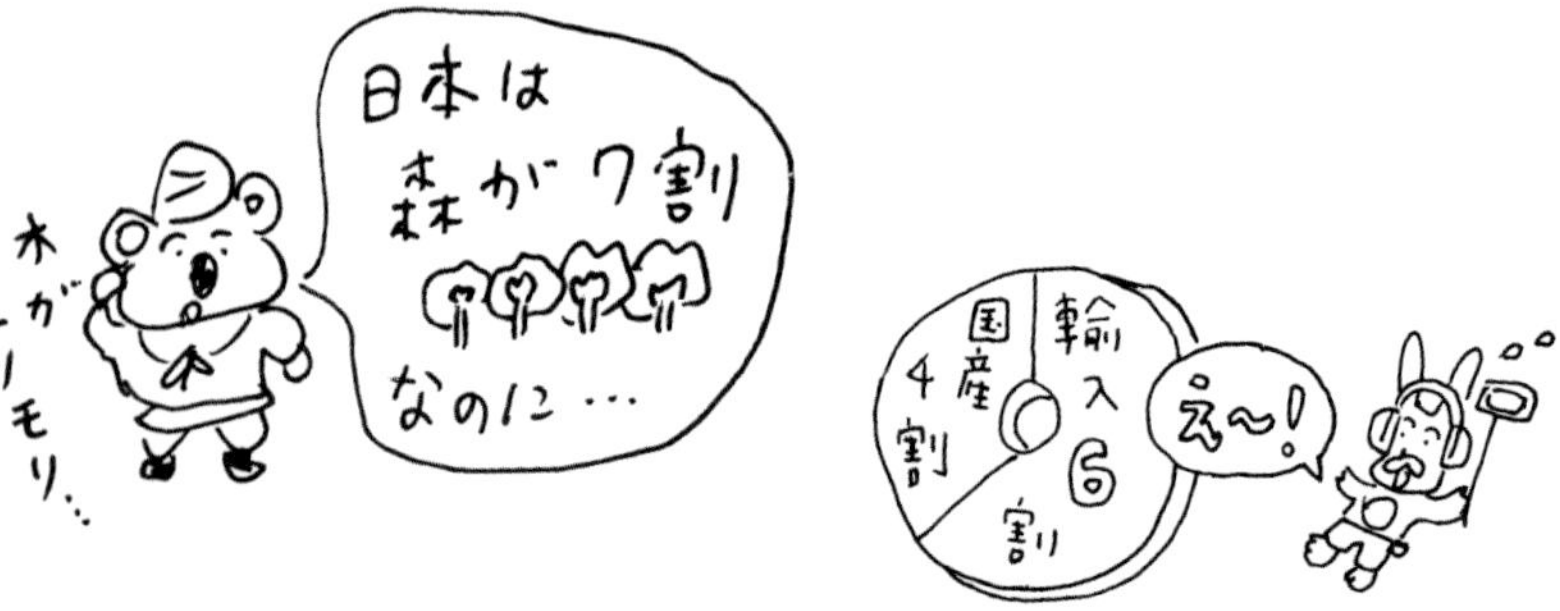

で約6倍[*3]にも増えています。つまり今が日本の木の使い時なのです。

これに対して輸入材は、ロシアのウクライナ侵攻など複合的要因により〝ウッドショック〟と呼ばれるほど大幅な価格高騰が続いていて、国産材の利用拡大への期待も高まっていますが、林業そのものの構造的な問題もあり、急な増産は簡単ではないようです。とはいえ、輸入材に依存しすぎるリスクの大きさは露呈したので、これを機会に林業を成長産業にして、消費者もそれを応援することが重要です。

木材は、十分に育った木を伐って、新たに植林をし、育てれば循環するサステナブルな資源です。木は光合成によってCO_2を吸収して育ち、木材は燃やさない限り炭素を固定するので温暖化防止にも非常に重要な役割を果たしています。特に若い木の方がより多くCO_2を吸収します。

ストレスを緩和してくれる木材の効用

木材を使った部屋や建築物は、私たちの健康や気分にも影響を与えることが研究でも明らかになってきています。

スギ材から揮発した香りを嗅ぐ実験では、ストレスを示すアミラーゼが低下したり、血圧が低下するなどの効果が認められました。

同様に、木を豊富に使った部屋は、木材の吸放湿作用によって室内の湿度が一定に保たれ、臭いや大気汚染物質を除去する効果もあることがわかりました。このような効果をとらえ、学校や保育園、高齢者施設などでも木材を使った建築物が増えてきました。建物の強度を出せる「CLT」と呼ばれる集成材も開発され、中高層ビルも木造で建てられるよ

ウッドショック
(本文参照)

炭素を固定
CO_2を生物的、化学的、物理的な手法を使ってとどめおくこと。植物は光合成によって体内に炭素を固定している。

CLT
「直交集成板」。木の板を繊維方向が直角に交わるように貼り合わせたもの。強度・断熱性が高い。

うになってきています。

また、木材は紙や燃料としても使われます。紙を選ぶ場合も材料となる木材（パルプ）がどのようなものかを気にするのも大事なことです。間伐材からつくられた紙や、適正に管理されていると認められた森の木からつくられた「ＦＳＣ森林認証紙」だと安心です。新しい木質系紙として竹からつくられた竹紙も注目されています。成長が早くあっという間に広がって、隣接する里山や森林に被害を及ぼす竹を有効活用しようというものです。

このように森の恵みを暮らしの中に取り入れる方法はさまざま。私たちが少し意識を変えることで、温室効果ガスの吸収源である日本の森を守っていくことにつながります。

日本の人工林の多くは伐採時期を迎えている。

国産材を使ったコミュニティテーブル（スターバックスコーヒー）。

＊1　林野庁「木材需給表」2021年
＊2　木材として利用できる森林資源量。
＊3　林野庁「森林資源の現況」2017年

地球のためにできること

うれしー♡

◎木製品を買う時はなるべく国産材を選ぶ

◎木造の部屋や建築物に入った時に受ける印象を気にしてみる

◎木製品はどの地域の、どんな種類の木が材料となっているのか気にする

◎紙製品はどんな種類の原料を使っているのか気にする

お母さん、輸入材もあるけど…
国産がいいのよ♡

エコシフト 10

家電を使いこなすエコわざ①「減らす」

電気代、ガス代など光熱費の上昇が止まりません。電気をつくるための天然ガスや石炭の調達価格が5～7倍にもなっているのですから、電力会社も値上げせざるを得ない実情があります。

ロシアからの天然ガスを頼っていたドイツでは年間の光熱費が100万円を超えることもあると予想されていますから、ただごとではありません。第2章でふれたように、日本のエネルギー自給率はわずか1割強ですから、エネルギー構造が変わらないと、残念ながら日本でもいつ同じような状況が起きてもおかしくないのです。

さらに、夏冬の時期は電力が足りなくなる危険性もあり、国も節電を呼び掛けています。家庭で使われるエネルギーは、産業部門が大きく削減しているのに対して、ここ10年でさほど減っていません。まだまだ削減する余地があるということです。省エネはすぐに節約にも直結しますので、賢く家電を使って節電・節ガス・節約に結び付けたいところです。

さて、対策を練る前に、状況分析をしましょう。家庭のエネルギー消費をエネルギー源別に見てみると、シェアが大きいのは電気で約半分を占めています。それに都市ガス、灯油、LPガスと続きます。

ではまず、家庭の中で最も電力を使っている機器から見ていきましょう。経産省のデータによると、3大電力消費家電は冷蔵庫、照明器具、エアコンです。

冷蔵庫は一年中毎日休むことなく働く家電ですのでやはり電力の年間使用量はトップです。節電効果があるのはまず冷蔵庫の設定温度の見直しです。冬〜春は「強」にしたままだと必要以上に冷やすことになるので、「中」や「弱」へ変更しましょう。これだけで、年間約1910円の節約になります(91ページ表参照)。

次は食品の入れ方の工夫です。冷蔵スペースはなるべく詰め込みすぎないことが肝心です。逆に冷凍庫は隙間なく詰め込んだ方が冷気をうまく使えます。熱いものは冷ましてからが鉄則。そのままだと庫内の温度が上がり、冷やすのに余分なエネルギーを消費します。

エアコンは冬と夏の使用期間で限ると、最も電力を消費する家電です。最近は省エネ性能の高いエアコンも多いですが、まずは冷蔵庫と同様、設定温度の見直しを、そしてフィルターの定期的な掃除をしましょう。フィルターが目詰まりしていると2割ほど余計に電力を消費しますし、風量が低下して冷暖房効果が下がります。

エアコンは室温を設定温度にするまでの間が一番電力を使うので、自分で頻繁にオンオフをするより自動運転に任せた方が効率的です。さらに、エアコンと一緒にサーキュレーターや扇風機を使うと、熱だまりができず、部屋の温度差が少なくなり冷暖房の効果をしっかり感じられます。特に最近の直流式(DC)扇風機は、これまでより消費電力も少ないのでおすすめです。

そして、使っていない時でも待機電力を消費するのでオフシーズンは必ずコンセントから電源プラグを抜きましょう。

照明器具に関して最も効果がある節電法は何と言っても白熱電球や蛍光灯をLEDランプに替えることです。それだけで年間3千円近い節約になります(91ページ表参照)。白

熱電球は熱も持つので、夏は冷房を余計に使います。

LED照明は虫が寄り付きにくく、スイッチオンですぐに明るくなるので、室内照明だけでなく、ベランダなどの屋外照明や玄関灯などにも最適です。寿命も約4万時間と長いので、電球を取り替えにくい場所の照明としても有効です。電球色も青白い昼光色から暖かみのある電球色まであり、場所により使い分けができます。

最近では人が近づくと、センサーが反応して自動で照明をつけてくれる「人感センサー付きＬＥＤ電球」も販売されています。廊下や階段でスイッチを探すことなく明るくなり、消し忘れもない優れものです。また、暗くなると照明がつく「明るさセンサー付きＬＥＤ電球」もあります。こちらは玄関灯などに最適です。

その他、効果の高い家電の省エネ法をいくつか紹介します。掃除機をかける時はなるべく「強」を避ける、炊飯器での保温は短く、パソコンから一旦離れる時は「スリープ」に、といった取り組みも大きな節電効果を生みます。ドライヤーやトースター、アイロンなど熱をつくり出す家電は一般的に電力を多く使うことも覚えておきましょう。テレビ、温水洗浄便座、給湯器、電気カーペット、ファンヒーター、衣類乾燥機などの省エネ効果は左の表にまとめてありますので、取り組みやすいものや、効果の高いものから試してみてください。

家電のエコわざ 省エネ・節約効果

（資源エネルギー庁「省エネポータルサイト」より作成）

	省エネアクション	省エネルギー量（年間）	CO_2削減量（年間）	節約金額の目安（年間）
冷蔵庫	ものを詰め込まずに半分にする	電気 43.84kWh	21.4kg	1,360円
	設定温度を「強」から「中」にする	電気 61.72kWh	30.1kg	1,910円
	壁から適切な間隔で設置する	電気 45.08kWh	22.0kg	1,400円
照明器具	白熱電球から電球形LEDランプに交換する	電気 90.00kWh	43.9kg	2,790円
	白熱電球から電球形蛍光ランプに交換する	電気 84.00kWh	41.0kg	2,600円
テレビ	1日1時間テレビ（32V型）を見る時間を減らす	電気 16.79kWh	8.2kg	520円
	テレビ（32V型）の画面の輝度を最適（最大→中間）にする	電気 27.10kWh	13.2kg	840円
エアコン	冬のエアコンの暖房設定温度を21℃から20℃にする	電気 53.08kWh	25.9kg	1,650円
	夏のエアコンの冷房設定温度を27℃から28℃にする	電気 30.24kWh	14.8kg	940円
	フィルターを月に1回か2回清掃する	電気 31.95kWh	15.6kg	990円
温水洗浄便座	使わない時はフタを閉める	電気 34.90kWh	17.0kg	1,080円
	便座の設定温度を一段階下げる（中→弱）	電気 26.40kWh	12.9kg	820円
	洗浄水の設定温度を一段階下げる（中→弱）	電気 13.80kWh	6.7kg	430円
給湯器	45℃のシャワーを流す時間を1分間短縮する	ガス 12.78m^3 水道 4.38m^3	28.7kg	3,210円
	入浴は間隔を空けない（2時間の放置で4.5℃低下した湯200Lを追い焚きする場合と比較）	ガス 38.20m^3	85.7kg	6,190円
電気カーペット	3畳用で、設定温度を「強」から「中」にする	電気 185.97kWh	90.8kg	5,770円
ガスファンヒーター	1日1時間運転を短縮する（設定温度：20℃）	ガス 12.68m^3 電気 3.72kWh	30.3kg	2,150円
石油ファンヒーター	1日1時間運転を短縮する（設定温度：20℃）	灯油 15.91L 電気 3.89kWh	41.5kg	1,470円
衣類乾燥機	まとめて乾燥し、回数を減らす（2日に1回と毎日使用する場合の比較）	電気 41.98kWh	20.5kg	1,300円
	自然乾燥を併用する（自然乾燥8時間後に未乾燥のものを補助乾燥する場合と、乾燥機のみで乾燥させる場合の比較）	電気 394.57kWh	192.6kg	12,230円

91ページの表の説明

算出基準

● 電気：31円/kWh
令和4年7月 公益社団法人
全国家庭電気製品公正取引協議会
新電力料金目安単価

● 水道：260円/m³
（水道料金136円/m³
下水道使用料124円/m³）
一般社団法人 日本電機工業会調べ

● ガス：162円/m³
平成29年版 ガス事業便覧
平成28年度実績 供給約款 料金平均

● 灯油：86円/L
資源エネルギー庁 石油製品価格調査

＊詳しい算出根拠や紹介した以外の省エネ行動と省エネ効果については、
資源エネルギー庁のサイト「省エネポータルサイト・家庭向け省エネ関連情報」を参照ください。
http://www.enecho.meti.go.jp/category/saving_and_new/saving/index.html#general-section

＊現在光熱費が高騰しているため実際の節約金額はさらに大きくなっている可能性があります。
節約金額は効果の程度を判断する目安としてください。

エコシフト 11

家電を使いこなすエコわざ②「切り替える」

家庭で節電を進めるためには、前項で紹介したような使い方の工夫による「減らす」以外にも方法があります。

それは他の方法に「切り替える」ことです。たとえば、古い家電をエネルギー効率のいい最新の家電に切り替えることも一つの方法です。最新の家電の省エネ性能のアップは目覚ましく、冷蔵庫は10年前と比べると約43％、テレビは約48％、エアコンは12％*1も省エネです。

省エネ性能の高い家電の買い替えには国や自治体から補助金が受けられることも多いので、電力料金が高騰する昨今では省エネ家電に買い替えた方が電力料金を抑えられ、環境にもプラスになります。

新製品の購入を検討するには環境省が展開するウェブサイト「省エネ製品買換ナビゲーション『しんきゅうさん』」の活用をおすすめします。購入候補の製品に買い替えた場合の電力料金や、削減できるCO_2排出量などがシミュレーションできます。

電力会社を切り替えるのも、ある意味でエネルギー源そのものを変えることにつながります。詳しくは「電力会社を替えてエネルギーシフト」（96ページ）を参照してください。

意外な盲点は電力契約のアンペア数を切り替えることです。我が家もずいぶん前に見直して減らしましたが、基本料金が下がるので、思ったより大きな節約になりました。一度に使う家電の数などに気をつける必要がありますが、それが自然と節電につながりますし、余分に大きいアンペア数で契約しているのは無駄です。

さらに、電気をつくる方法を自然由来のものに切り替えるという方法もあります。この方法には「太陽光発電を身近に」（72ページ）や「あなどれない太陽熱の利用」（76ページ）で紹介したように、電気や温水をつくるのに自然エネルギーを利用します。太陽の光や熱はもちろん無料ですので、値上げを心配することもありません。「すぐに効果のある節水法」（80ページ）で紹介した雨水を使うことも同じような考え方です。自然エネルギーに切り替えるのは最大の省エネとも言えます。

地球のためにできること

◎省エネ性能の高い家電の買い替えを応援する国や自治体の助成制度などを確認する

◎「省エネ製品買換」のシミュレーションをして買い替えを検討する

◎古い家電をエネルギー効率のいい最新の家電に切り替える

◎電力契約のアンペア数を減らせないか検討する

◎太陽光発電や太陽熱利用など自然エネルギー由来の電力を使う

＊上記以外の方法は本文または P.91の表を参考にしてください。

エコシフト 12

電力会社を替えてエネルギーシフト

自宅で使う電気をなるべく環境に負荷をかけないものにしたいと考えた時に、契約している電力会社を切り替えるという方法があります。

国内では2016年から家庭や企業も含むすべての消費者が、電力会社を自由に選択できるようになりました。これまでは関東であれば「東京電力」、関西であれば「関西電力」というように、それぞれの地域に独占的に営業していた電力会社と契約するしかなかったのですが、今は全国の700以上（2022年9月現在）の小売電気事業者から選ぶことができます。

この中で、自然エネルギー由来の電力を提供していたり、地域に貢献する企業を選べば、自然エネルギーを増やしたり、地域を豊かにすることにつながります。

たとえば、電力も農作物と同様、地域でつくられたものを地域で消費すれば、外に流出していたエネルギー費用が地域で循環し、雇用も生まれ、地域の経済を活性化することにもなります。全国には「とっとり市民電力」（鳥取県）、「中之条パワー」（群馬県）、「秩父新電力」（埼玉県）など、地元企業や自治体が出資した新規参入の小売電気事業者（以下新電力）が数多くあります。

自分の使っている電気がどこでつくられているか〝見える化〟して販売しているのが「みんな電力」（株式会社UPDATER・東京世田谷区）です。電力を生み出す生産者と消費者との

つながりを、ブロックチェーン技術[＊1]で可視化させ、100％自然エネルギー由来の電気を使っていることを確かめられます。

地域へ資金をフィードバックする新電力もあります。「めぐるでんき」（株式会社向こう三軒両隣めぐるでんき事業部・東京板橋区）は、電力料金の一部を、地域の課題解決に挑戦する方々に投資するという仕組みをつくり、エネルギー利用を通じた地域活性化を目指しています。電力料金の支払先を考えることでエネルギーのあり方に私たち一人一人が関わることができるのです。

ピークシフトでお得に

電力会社を替えるには工事が必要なのではないか、停電したりしないかなどいろいろ心配もあるかもしれません。電気を物理的に届けているのは送配電会社ですので、停電するリスクはこれまでと変わりませんし、手続きも変更する会社に申し込みをするだけで、こ

自然エネルギー由来の電気を提供する新電力も多い。

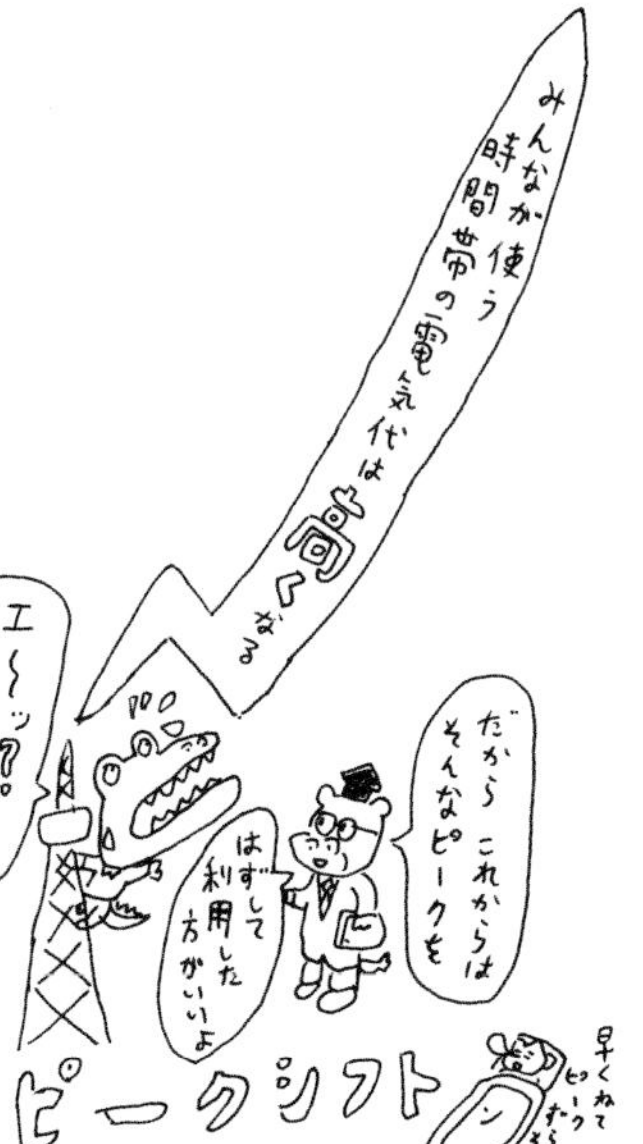

れまでの電力会社の解約が必要ないので簡単です。

ただ、新電力にはもちろんリスクもあります。大手電力会社のほとんどは自社の発電設備でつくった電気を供給しますが、多くの新電力は一部を独自調達し、残りを日本卸電力取引所で購入して供給するケースがほとんどです。そのため、このところの燃料高による電力卸売価格の高騰で、経営が立ち行かなくなり撤退する新電力も増えています。新電力に変更する場合はその会社が扱う電気がどのようにつくられたものなのか、自社の発電施設を持っているか、経営状態などをしっかり調べてからの方が安全です。

とはいえ、サステナブルな考え方を持った新電力をサポートするのも消費者の力。今後も淘汰されていく可能性がある中で、持続可能な新電力を見極め、サービスを利用したいものです。

もう一点、今後の電力料金で変化しつつあることがあります。それは大手電力会社だけでなく、新電力でも、卸売価格と連動した「市場連動型」の料金プランが増えてくるという点です。これは欧米などでは一般的で、たくさん電気が使われる時間帯は高く、少ない場合は安くなるというものです。これまでも、深夜電力を使うと安くなるなどのプランはありましたが、今後は「需要が多い時間帯は電気代は高くなる」と認識しておいた方が間違いありません。

日本の電力ひっ迫は真冬や真夏の夕方の数時間。このピーク時間をずらす「ピークシフト」をみんなでやれば新たな原発増設などは必要ないのです。ピークシフトを促進するためにも、市場連動は合理的とも言えますし、安い時間帯にまとめて家電を使う家事をやるなど工夫することで、ピークシフトに寄与し、節約にもなります。

ピークシフト
使用電力を、需要の最も多い時間帯から少ない時間帯に移すことで、電力消費量を平準化すること。

＊1　取引履歴を暗号技術によって1本の鎖のようにつなげ、正確な取引履歴を維持する技術。

地球のためにできること！

へ〜!!

◎自然エネルギー由来の電力を中心に調達している電力会社を選ぶ

◎電気がどのようにつくられたものなのかという情報をしっかり公開している電力会社を選ぶ

◎地域に新電力がないか、あったらどんな業務内容かを確認してみる

◎電力料金の高いピーク時の利用を減らす

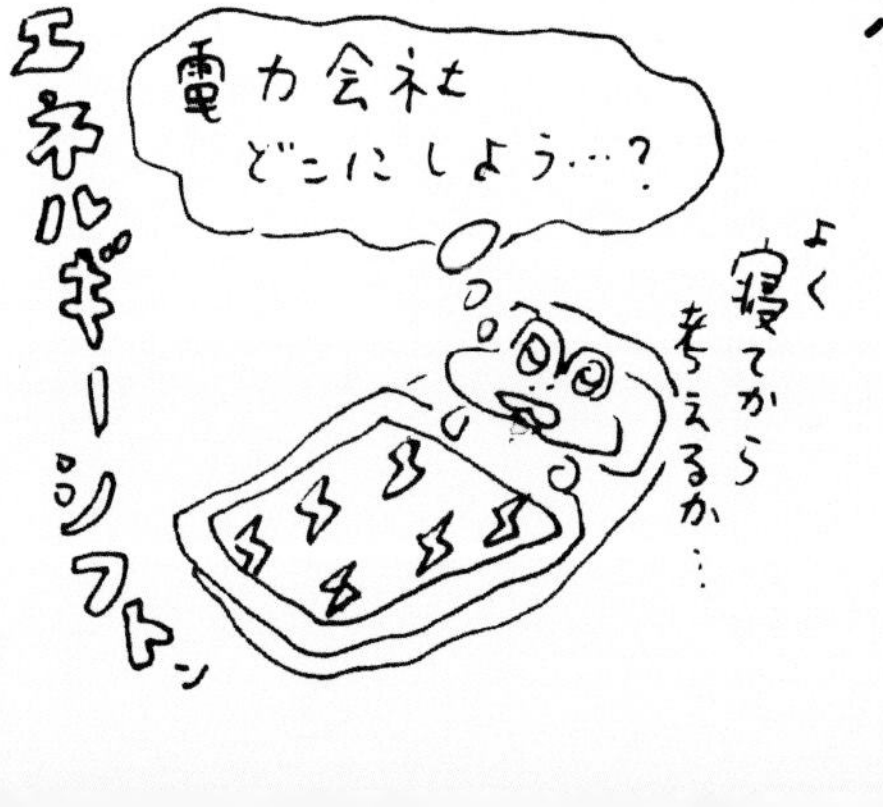
エネルギーシフトン
電力会社どこにしよう…？
よく寝てから考えるか…

エコシフト 13

毎日の移動をもっとエコに

通勤、通学、旅行など、自宅から移動する時に、どれくらい環境に負荷をかけているかを考えたことがありますか。

数ある移動手段の中で、人を1キロメートル運ぶのに排出されるCO_2量が最も多いのが自家用自動車。これに飛行機、バス、鉄道が続きます。*1　鉄道は自家用自動車の約7分の1、航空の5分の1と環境負荷が小さいので、欧米などでは輸送についても、近距離はトラックから鉄道など環境負荷の小さい輸送に転換する「モーダルシフト」が盛んです。たとえば、日本にも出店している家具の製造販売をするイケアは、トラック輸送を鉄道に替え、工場まで線路を敷いている場所があるほどです。

一方で全くCO_2を排出しない移動手段は徒歩や自転車、そして風の力だけで移動できるヨットぐらいでしょうか。少しの距離だったら、自動車の〝ちょい乗り〟をしないで、歩いて移動する、または自転車を使うだけでも立派なエコシフトになります。

自転車を個人レベルだけではなく、気候変動政策として重視している国に、デンマークやオランダがあります。中でもデンマークの首都コペンハーゲンは自転車フレンドリーな街の世界ランキングで第1位の街。車より自転車優先の政策が息づいています。

コペンハーゲン市内では朝の通勤通学時間となる午前中は、自転車を時速20キロで走らせていくと赤信号にひっかからないように調整され、雪が降れば自転車専用レーンの除雪

モーダルシフト
（本文参照）

が最優先で行われます。歩道、自転車道、車道が構造的に分離され、自転車向けのハイウエイもあるほど。筆者も取材で訪れましたが、朝になると、ビジネスマンから子どもをカーゴに乗せたお父さんお母さんまで、あらゆる人が自転車で移動しています。すでに49％[*2]の市民が通勤や通学に自転車を使っているそうです。

これに比べると日本の自転車専用道路はまだまだ少なく、トラックや歩行者すれすれを走らざるを得ない状態の道路も数多くあります。

最近ではアシスト付きの自転車など、自転車そのものの選択肢は増えています。車優先の道路ではなく、自転車、歩行者と安全に住み分けできる道路整備を望みたいものです。

電動車シフトが明確に

CO_2の排出量が多い自家用自動車ですが、世界的な脱炭素の潮流の中で、車による環境へのインパクトを減らそうと、ガソリン車から電気自動車（ＥＶ）へのシフトが明確になってきています。ＥＵは、ガソリン車やディーゼル車の新車販売を２０３５年に事実上禁止する方針を発表しており、日本も２０３５年までに新車販売で電動車100％を実現することを表明しました。日本の言う電動車にはＥＶに加えて、「燃料電池自動車（ＦＣＶ）」「プラグインハイブリッド自動車（ＰＨＶ）」「ハイブリッド自動車（ＨＶ）」が含まれます。もちろん、これ以前に購入したガソリン車は走行できますが、どちらにしても電動化の流れは避けられません。

電動車先進国のノルウェーではすでに新車販売台数に占めるＥＶの比率が２０２１年で８割を超えています。これには、さまざまな税制の優遇策や通行の優先策などが影響し

ハイブリッド自動車（HV）
電気モーターとガソリンエンジンを搭載し、動力源を同時または個々に作動させ走行する車。

プラグインハイブリッド自動車（PHV）
電気モーターとガソリンエンジンを搭載し、両方の動力を切り替えつつ走行し、外部からの充電も可能な車。

燃料電池自動車（FCV）
水素と酸素の化学反応によって発電を行い、その電力で電気モーターを回して走行する車。

ています。

電動車はどんな電源を使うかによっても環境へのインパクトが変わってきます。73ページで紹介したような、太陽光発電と組み合わせた利用が理想的ですが、誰もができることではありません。国内でもまだ数は少ないものの自然エネルギー由来の電気を充電できるステーションも設置され始めています。

また、電動車購入や充電設備設置にはさまざまな補助金や税制の優遇策などがありますので、購入の際は十分検討してください。

これから先、移動手段として自動車に乗るか、乗らないか、乗るならどんな選択肢があるのか、自分のライフスタイルと移動場所、そして環境への負荷を考えて賢い選択をしたいものです。

大きなカーゴをつけた自転車が行き交うコペンハーゲンの朝。

欧州の鉄道では自転車を載せられる車両があるのが一般的。

＊1　国土交通省2019
＊2　コペンハーゲン市自転車統計2019

地球のためにできること

◎近くに行く時は、車のちょい乗りをせずに歩くか自転車に乗る

◎通勤、通学に自転車利用を検討してみる

◎自転車専用道路の整備を地域の自治体に要望する

◎車の所有ではなく、カーシェアリングなどの利用を考える

◎車を電動車に乗り替える

◎自宅に太陽光発電設備を設置し、その電気を充電してEVを走らせる

エコシフト 14

ファッションdeエシカル

時代を映すファッションは、生活に潤いと変化、そして楽しみをもたらすものですが、一方でアパレル業界が地球環境に与える負荷の大きさが課題とされています。

日本でも2000年代に入る頃からファストファッションブームが拡大し、メーカーは次々とトレンドの製品を大量生産し、売れ残れば処分し、消費者も飽きてしまえば約7割[*1]が廃棄されていました。

簡単に捨てられてしまうことのある洋服ですが、実はつくるには大量の水やエネルギーが必要です。たとえば、Tシャツ1枚つくるにも約2700リットルの水が必要[*2]と言われていますし、衣類の製造過程では、糸を紡いだり、布を織る機械を動かしたり、縫製したりとエネルギーが大量に消費されます。

一般的な綿を栽培するにも農薬、化学肥料、水が大量に必要ですし、ナイロン、ポリエステル、アクリルなどの合成繊維はそもそも石油からつくられます。このため、アパレル業界は「世界2位の環境汚染産業」[*3]とまで指摘されています。

このような環境への大きなインパクトをとらえ、フランスでは売れ残りの新しい衣料品の廃棄を禁止する「衣服廃棄禁止令」が施行されました。フランスの国内には、着なくなった衣類やリネン類を回収するボックスが2万個以上設置されています。

ファストファッションからハイブランドまでエシカルを基準に

こういったファッション業界をエシカルなものに変えていこうと国内外でさまざまな取り組みが始まっています。エシカル（ethical）とは直訳すると「倫理的」「道徳的」という意味ですが、最近では「人や社会、地球環境、地域に配慮した考え方や行動」という意味で使われています。

たとえば、スウェーデンのファストファッションブランド「H＆M」は、インドネシアの島に流れ着く海洋ごみを回収し、ペットボトルをリサイクルして再生ポリエステルとして使用しています。「ユニクロ」（ファーストリテイリング）はデニム製造時の水の使用量を最大99％カットしたり、自社製品の着られなくなったダウンを回収し、リサイクルをしています。

エシカル
（本文参照）

アウトドアブランドも多くが環境に配慮した素材の利用やリペアに力を入れています。その先駆的なブランド「パタゴニア」は、30年近く前から農薬や化学肥料を使わないで育てたオーガニックコットンのみを使用し、1993年からはペットボトルからリサイクルしたポリエステルの製造を始め、現在では7割が再生可能かつリサイクル済み原料です。同ブランドは長く使うためのリペアにも力を入れ、日本でも年間約2万件のリペアを行い、リサイクル、リペア、リユースを企業の責任としてプログラム化しています。

エシカルなブランドとして注目される「ステラ マッカートニー」も海に流入する前に回収されたプラスチック廃棄物からの再生素材を使ったスニーカーを「アディダス」と共同開発したり、キノコの菌糸体でつくられたレザー代替品や、クモの糸から着想したマイクロシルクを商品化するなど、エシカルな素材開発に余念がありません。

ハイブランドはもちろん、エシカルやサステナブルを意識していないブランドは見当たらないほどです。「プラダ」のナイロンバッグは海から集めたプラスチック廃棄物や漁網、繊維廃棄物からつくられていますし、「エルメス」はキノコ由来の人工レザーでつくったバッグを発表しています。

つくる側もエコシフトを加速させていますので、選ぶ側の私たちも、エシカルな視点を意識して商品を選びたいものです。耐久性があり、リペアやリユースができて、長年愛用できる、素材や製造過程がなるべく環境に負荷をかけていないものを選ぶといったことを意識しましょう。もちろん、着なくなっても古着ショップやフリマサイトを利用したり、少し手を加えてアップサイクルして着続けたり、処分する場合でもリユースやリサイクルできるような方法を選ぶこともエコシフトです。

*1　環境省
*2　ユネスコIHE（水教育研究所）
*3　UNCTAD（国連貿易開発会議）

地球のためにできること！

◎耐久性があり、長く使えるファッション製品を選ぶ

◎オーガニックコットンや再生ポリエステル、ウールなど環境への負荷が少ない素材を選ぶ

◎着なくなってもアップサイクルできないか考えてみる

◎着なくなった衣類やファッション雑貨はフリマサイトや古着ショップ、街のフリーマーケットに出すなど欲しい人につなぐ

エコシフト 15

見逃せない、緑を使って省エネ

都会の夏は耐え難い暑さが年々増しているように感じます。アスファルトからの照り返しと、エアコンの室外機や車からの排熱。そして密集するビルで遮られる風の流れ。これらに起因する「ヒートアイランド現象」によって、東京ではこの100年で3℃も気温が上がっています。

そんな時、公園の緑の中に入ると、少しだけ涼しく感じてほっとします。これは樹木や土の効果でヒートアイランド現象が和らいでいるのです。

仕組みはこうです。樹木が根から吸い上げた水を葉から蒸散する際に、気化熱が周りの熱を奪います。そしてもちろん樹木の葉が太陽の光を遮り木陰をつくり、これらの温度差によって、上昇気流が起き、風が吹きます。

たとえば東京の新宿御苑では、市街地との気温差は日中2℃、夜間は1〜3℃*1にもなり、クールアイランドとなって周りにも冷気が伝わります。ですから、都会では、真夏に水辺のある大きな公園の木陰で水分を取りながらのんびりするのは、理にかなっていると同時に、家でエアコンを使う分の節電にもつながります。

緑の効果をさらに積極的に活かそうと、東京都では敷地面積千平方メートル以上の建築物を新築・改築・増築する場合は地上部の空地と屋上の20%を緑化することを義務化しています。

ヒートアイランド現象
都市の中心部の気温が郊外に比べて島状に高くなる現象。

最近では緑が生い茂り、果樹や畑のある屋上庭園もずいぶん増えてきました。筆者が気に入っているのは東京千代田区の駿河台ビルや、台東区の朝倉彫塑館の屋上庭園。前者はバードウォッチングができるほどの本格的な緑が楽しめますし、後者はアートと緑の組み合わせが新鮮です。

もちろん、土や植栽の加重を考慮すれば屋上緑化は一般の住宅でも可能です。屋上緑化は植物による日射遮蔽と蒸散効果によって、外からの熱負荷の軽減を図ってくれます。真夏の日中には、コンクリートの表面温度は60℃を超えることもありますが、緑で覆われた地面は10℃以上低いことが確認されています。加えて、屋上は都会の中では人目が気にならず、開放感もあります。防水などの工事をしっかりすれば庭や畑として楽しめますし、建物の断熱性も高めてくれます。

手軽な緑のカーテンやエコプランツを利用しよう

緑を使って省エネする手軽な方法に「緑のカーテン」があります。ゴーヤやキュウリ、つるありインゲン、朝顔などのつる性の植物を、窓の外や壁面に張ったネットなどに這わせて、カーテンのように覆ったものです。窓から入る直射日光を遮るので、室内温度の上昇を抑え、緑の蒸散作用で周りの熱を下げてくれます。朝顔などを使った場合は花が楽しめますが、野菜系では収穫もあるのがなんともお得で楽しいです。真夏にしっかり葉を茂らせるためにはゴールデンウィークぐらいまでに植えるのがおすすめです。

庭のある家では、庭の樹木の選定にも一工夫すると快適に過ごせます。我が家の小さい庭では南側はすべて落葉樹を植えています。これは夏の間は葉が茂って太陽光を遮り、寒

緑のカーテン
（本文参照）

い冬には落葉することで、暖かい太陽の光を室内に取り込んでくれるからです。

建物の構造や素材などを工夫し、敷地の自然環境を活かして、太陽の熱や光、風を使って快適な空間をつくる省エネ住宅を「パッシブハウス」と言いますが、緑の効果によって熱の出入りを抑え、風の通り道などをつくることも大事な要素です。

また、室内でも日差しの強い南側の窓際に観葉植物を置くことで、小さいですが同じような効果を期待できます。

特にエコプランツと呼ばれる「パキラ」「ドラセナ」「サンスベリア」は、空気中のホルムアルデヒドやアンモニアなどの化学物質を吸収し分解してくれる働きもある*2と言われています。こちらも空気清浄機ほどの働きはありませんが、緑の癒し効果も期待でき、室内にあるとうれしい植物です。

このように緑の力を借りることは特別な機械や装置を使うより、ずっと合理的でその効果も大きなものです。もちろんCO_2を吸収し、酸素を放出する大きな仕事もしてくれます。

エコプランツ
（本文参照）

パッシブハウス
ドイツが開発した省エネ住宅の設計メソッド。機器に頼らず、断熱、通風、換気、日射遮蔽など自然の力を利用して快適性を維持する家。

*1　東京都立大学三上岳彦教授研究
*2　米国NASA

地球のためにできること ワーイ!

なるほど

◎夏は「緑のカーテン」を窓の外や壁面に這わせて日差しを遮る

◎夏の日は、たまには公園の木陰に行ってのんびりする

◎屋根への加重や防水に気をつけて屋上や壁面を緑化する

◎庭を計画する時は、南側に落葉樹を植える

◎室内に空気清浄機能のあるエコプランツを置く

エアコンの室外機の熱で…
火の中にいるみたい…
ヒートアイランド

箕輪弥生 Yayoi Minowa
環境ライター・ジャーナリスト。NPO法人「そらべあ基金」理事。東京の下町生まれ、立教大学卒業。広告代理店を経てマーケティングプランナーとして独立。その後、持続可能な暮らしや社会の仕組みへの関心がつのり環境分野へシフト。環境教育から企業の脱炭素まで幅広いテーマで環境関連の記事や書籍の執筆、編集を行う。著書に『エネルギーシフトに向けて 節電・省エネの知恵123』『あなたにもできる！環境生活のススメ』（共に飛鳥新社）、『LOHASで行こう！』（ソニー・マガジンズ）ほか。
http://gogreen.hippy.jp/

中村 隆 Takashi Nakamura
イラストレーター。1976年、新潟県生まれ。'98年日本デザイン専門学校卒業。以後、フリーのイラストレーターとして活動。HBファイルコンペvol.26 日下潤一賞、第15回TIS公募銅賞など受賞も多数。雑誌、書籍を中心に幅広く活躍中。
http://takashi-nakamura.na.coocan.jp/
Instagram @takashinakamura83

どうする？！地球温暖化・気候変動…
地球のために
今日から始めるエコシフト15

2023年3月26日　第1刷発行

著者　箕輪弥生
発行者　清木孝悦
発行所　学校法人文化学園 文化出版局
〒151-8524
東京都渋谷区代々木3-22-1
電話 03-3299-2479（編集）
03-3299-2540（営業）
印刷・製本所　株式会社文化カラー印刷

デザイン　野澤享子、楠藤桃香（Permanent Yellow Orange）
写真　箕輪弥生、安田如水（文化出版局）（66～71ページ）
イラスト　中村 隆
料理　松田美智子（66～71ページ）
校閲　位田晴日
編集　鈴木百合子（文化出版局）

文化出版局のホームページ
https://books.bunka.ac.jp/